수학은 마라톤입니다.
지금 여러분은 출발 지점에 서 있습니다.
초등학교 저학년 때는
수학 마라톤을 잘 하기 위해
기초 체력을 튼튼히 길러야 합니다.

한솔 완벽한 연산으로 시작하세요.
마라톤을 잘 뛸 수 있는 완벽한 연산 실력을 키워줍니다.

이 책이 궁금해요!

왜 완벽한 연산인가요?

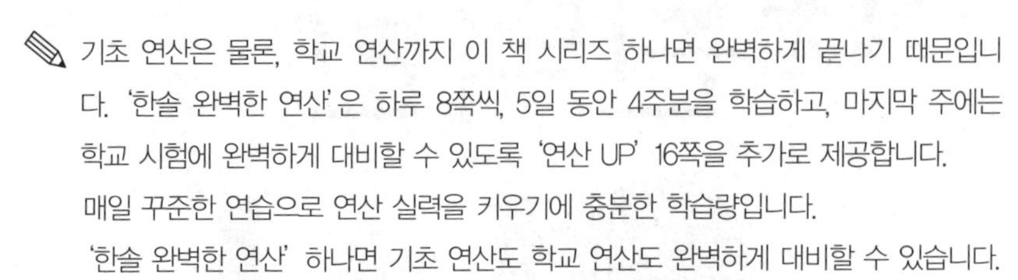

기초 연산은 물론, 학교 연산까지 이 책 시리즈 하나면 완벽하게 끝나기 때문입니다. '한솔 완벽한 연산'은 하루 8쪽씩, 5일 동안 4주분을 학습하고, 마지막 주에는 학교 시험에 완벽하게 대비할 수 있도록 '연산 UP' 16쪽을 추가로 제공합니다.
매일 꾸준한 연습으로 연산 실력을 키우기에 충분한 학습량입니다.
'한솔 완벽한 연산' 하나면 기초 연산도 학교 연산도 완벽하게 대비할 수 있습니다.

몇 단계로 구성되고, 몇 학년이 풀 수 있나요?

모두 6단계로 구성되어 있습니다.
'한솔 완벽한 연산'은 한 단계가 1개 학년이 아닙니다. 연산의 기초 훈련이 가장 필요한 시기인 초등 2~3학년에 집중하여 여러 단계로 구성하였습니다.
이 시기에는 수학의 기초 체력을 튼튼히 길러야 하니까요.

단계	권장 학년	학습 내용
MA	6~7세	100까지의 수, 더하기와 빼기
MB	초등 1~2학년	한 자리 수의 덧셈, 두 자리 수의 덧셈
MC	초등 1~2학년	두 자리 수의 덧셈과 뺄셈
MD	초등 2~3학년	두·세 자리 수의 덧셈과 뺄셈
ME	초등 2~3학년	곱셈구구, (두·세 자리 수)×(한 자리 수), (두·세 자리 수)÷(한 자리 수)
MF	초등 3~4학년	(두·세 자리 수)×(두 자리 수), (두·세 자리 수)÷(두 자리 수), 분수·소수의 덧셈과 뺄셈

책 한 권은 어떻게 구성되어 있나요?

책 한 권은 모두 4주 학습으로 구성되어 있습니다.
한 주는 모두 40쪽으로 하루에 8쪽씩, 5일 동안 푸는 것을 권장합니다.
마지막 5주차에는 학교 시험에 대비할 수 있는 '연산 UP'을 학습합니다.

'한솔 완벽한 연산'도 매일매일 풀어야 하나요?

물론입니다. 매일매일 규칙적으로 연습을 해야 연산 능력이 향상되기 때문입니다.
월요일부터 금요일까지 매일 8쪽씩, 4주 동안 규칙적으로 풀고, 마지막 주에 '연산 UP' 16쪽을 다 풀면 한 권 학습이 끝납니다.
매일매일 푸는 습관이 잡히면 개인 진도에 따라 두 달에 3권을 푸는 것도 가능합니다.

하루 8쪽씩이라구요? 너무 많은 양 아닌가요?

'한솔 완벽한 연산'은 술술 풀면서 잘 넘어가는 학습지입니다.
공부하는 학생 입장에서는 빽빽한 문제를 4쪽 푸는 것보다 술술 넘어가는 문제를 8쪽 푸는 것이 훨씬 큰 성취감을 느낄 수 있습니다.
'한솔 완벽한 연산'은 학생의 연령을 고려해 쪽당 학습량을 전략적으로 구성했습니다. 그래서 학생이 부담을 덜 느끼면서 효과적으로 학습할 수 있습니다.

학교 진도와 맞추려면 어떻게 공부해야 하나요?

이 책은 한 권을 한 달 동안 푸는 것을 권장합니다.
각 단계별 학교 진도는 다음과 같습니다.

단계	MA	MB	MC	MD	ME	MF
권 수	8권	5권	7권	7권	7권	7권
학교 진도	초등 이전	초등 1학년	초등 2학년	초등 3학년	초등 3학년	초등 4학년

초등학교 1학년이 3월에 MB 단계부터 매달 1권씩 꾸준히 푼다고 한다면 2학년이 시작될 때 MD 단계를 풀게 되고, 3학년 때 MF 단계(4학년 과정)까지 마무리할 수 있습니다.
이 책 시리즈로 꼼꼼히 학습하게 되면 일반 방문학습지 못지 않게 충분한 연산 실력을 쌓게 되고 조금씩 다음 학년 진도까지 학습할 수 있다는 장점이 있습니다.
매일 꾸준히 성실하게 학습한다면 학년 구분 없이 원하는 진도를 스스로 계획하고 진행해 나갈 수 있습니다.

'연산 UP'은 어떻게 공부해야 하나요?

'연산 UP'은 4주 동안 훈련한 연산 능력을 확인하는 과정이자 학교에서 흔히 접하는 계산 유형 문제까지 접할 수 있는 코너입니다.
'연산 UP'의 구성은 다음과 같습니다.

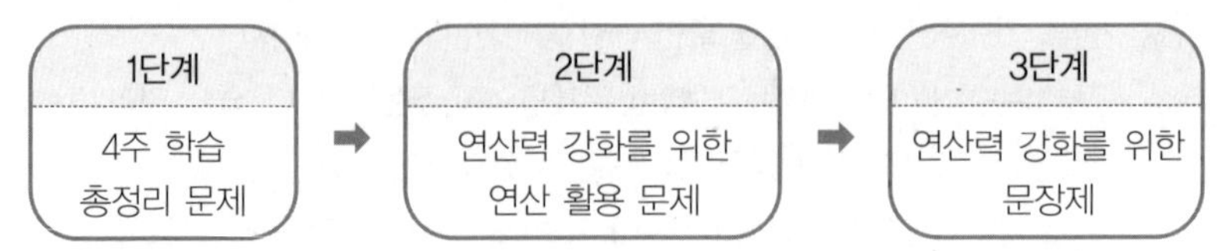

'연산 UP'은 모두 16쪽으로 구성되었으므로 하루 8쪽씩 2일 동안 학습하고, 다음 단계로 진행할 것을 권장합니다.

6~7세

권	제목	주차별 학습 내용	
1	20까지의 수 1	1주	5까지의 수 (1)
		2주	5까지의 수 (2)
		3주	5까지의 수 (3)
		4주	10까지의 수
2	20까지의 수 2	1주	10까지의 수 (1)
		2주	10까지의 수 (2)
		3주	20까지의 수 (1)
		4주	20까지의 수 (2)
3	20까지의 수 3	1주	20까지의 수 (1)
		2주	20까지의 수 (2)
		3주	20까지의 수 (3)
		4주	20까지의 수 (4)
4	50까지의 수	1주	50까지의 수 (1)
		2주	50까지의 수 (2)
		3주	50까지의 수 (3)
		4주	50까지의 수 (4)
5	1000까지의 수	1주	100까지의 수 (1)
		2주	100까지의 수 (2)
		3주	100까지의 수 (3)
		4주	1000까지의 수
6	수 가르기와 모으기	1주	수 가르기 (1)
		2주	수 가르기 (2)
		3주	수 모으기 (1)
		4주	수 모으기 (2)
7	덧셈의 기초	1주	상황 속 덧셈
		2주	더하기 1
		3주	더하기 2
		4주	더하기 3
8	뺄셈의 기초	1주	상황 속 뺄셈
		2주	빼기 1
		3주	빼기 2
		4주	빼기 3

초등 1 · 2학년 ①

권	제목	주차별 학습 내용	
1	덧셈 1	1주	받아올림이 없는 (한 자리 수)+(한 자리 수) (1)
		2주	받아올림이 없는 (한 자리 수)+(한 자리 수) (2)
		3주	받아올림이 없는 (한 자리 수)+(한 자리 수) (3)
		4주	받아올림이 없는 (두 자리 수)+(한 자리 수)
2	덧셈 2	1주	받아올림이 없는 (두 자리 수)+(한 자리 수)
		2주	받아올림이 있는 (한 자리 수)+(한 자리 수) (1)
		3주	받아올림이 있는 (한 자리 수)+(한 자리 수) (2)
		4주	받아올림이 있는 (한 자리 수)+(한 자리 수) (3)
3	뺄셈 1	1주	(한 자리 수)−(한 자리 수) (1)
		2주	(한 자리 수)−(한 자리 수) (2)
		3주	(한 자리 수)−(한 자리 수) (3)
		4주	받아내림이 없는 (두 자리 수)−(한 자리 수)
4	뺄셈 2	1주	받아내림이 없는 (두 자리 수)−(한 자리 수)
		2주	받아내림이 있는 (두 자리 수)−(한 자리 수) (1)
		3주	받아내림이 있는 (두 자리 수)−(한 자리 수) (2)
		4주	받아내림이 있는 (두 자리 수)−(한 자리 수) (3)
5	덧셈과 뺄셈의 완성	1주	(한 자리 수)+(한 자리 수), (한 자리 수)−(한 자리 수)
		2주	세 수의 덧셈, 세 수의 뺄셈 (1)
		3주	(한 자리 수)+(한 자리 수), (두 자리 수)−(한 자리 수)
		4주	세 수의 덧셈, 세 수의 뺄셈 (2)

MC 초등 1 · 2학년 ②

권	제목	주차별 학습 내용	
1	두 자리 수의 덧셈 1	1주	받아올림이 없는 (두 자리 수)+(한 자리 수)
		2주	몇십 만들기
		3주	받아올림이 있는 (두 자리 수)+(한 자리 수) (1)
		4주	받아올림이 있는 (두 자리 수)+(한 자리 수) (2)
2	두 자리 수의 덧셈 2	1주	받아올림이 없는 (두 자리 수)+(두 자리 수) (1)
		2주	받아올림이 없는 (두 자리 수)+(두 자리 수) (2)
		3주	받아올림이 없는 (두 자리 수)+(두 자리 수) (3)
		4주	받아올림이 없는 (두 자리 수)+(두 자리 수) (4)
3	두 자리 수의 덧셈 3	1주	받아올림이 있는 (두 자리 수)+(두 자리 수) (1)
		2주	받아올림이 있는 (두 자리 수)+(두 자리 수) (2)
		3주	받아올림이 있는 (두 자리 수)+(두 자리 수) (3)
		4주	받아올림이 있는 (두 자리 수)+(두 자리 수) (4)
4	두 자리 수의 뺄셈 1	1주	받아내림이 없는 (두 자리 수)−(한 자리 수)
		2주	몇십에서 빼기
		3주	받아내림이 있는 (두 자리 수)−(한 자리 수) (1)
		4주	받아내림이 있는 (두 자리 수)−(한 자리 수) (2)
5	두 자리 수의 뺄셈 2	1주	받아내림이 없는 (두 자리 수)−(두 자리 수) (1)
		2주	받아내림이 없는 (두 자리 수)−(두 자리 수) (2)
		3주	받아내림이 없는 (두 자리 수)−(두 자리 수) (3)
		4주	받아내림이 없는 (두 자리 수)−(두 자리 수) (4)
6	두 자리 수의 뺄셈 3	1주	받아내림이 있는 (두 자리 수)−(두 자리 수) (1)
		2주	받아내림이 있는 (두 자리 수)−(두 자리 수) (2)
		3주	받아내림이 있는 (두 자리 수)−(두 자리 수) (3)
		4주	받아내림이 있는 (두 자리 수)−(두 자리 수) (4)
7	덧셈과 뺄셈의 완성	1주	세 수의 덧셈
		2주	세 수의 뺄셈
		3주	(두 자리 수)+(한 자리 수), (두 자리 수)−(한 자리 수) 종합
		4주	(두 자리 수)+(두 자리 수), (두 자리 수)−(두 자리 수) 종합

MD 초등 2 · 3학년 ①

권	제목	주차별 학습 내용	
1	두 자리 수의 덧셈	1주	받아올림이 있는 (두 자리 수)+(두 자리 수) (1)
		2주	받아올림이 있는 (두 자리 수)+(두 자리 수) (2)
		3주	받아올림이 있는 (두 자리 수)+(두 자리 수) (3)
		4주	받아올림이 있는 (두 자리 수)+(두 자리 수) (4)
2	세 자리 수의 덧셈 1	1주	받아올림이 없는 (세 자리 수)+(두 자리 수)
		2주	받아올림이 있는 (세 자리 수)+(두 자리 수) (1)
		3주	받아올림이 있는 (세 자리 수)+(두 자리 수) (2)
		4주	받아올림이 있는 (세 자리 수)+(두 자리 수) (3)
3	세 자리 수의 덧셈 2	1주	받아올림이 있는 (세 자리 수)+(세 자리 수) (1)
		2주	받아올림이 있는 (세 자리 수)+(세 자리 수) (2)
		3주	받아올림이 있는 (세 자리 수)+(세 자리 수) (3)
		4주	받아올림이 있는 (세 자리 수)+(세 자리 수) (4)
4	두·세 자리 수의 뺄셈	1주	받아내림이 있는 (두 자리 수)−(두 자리 수) (1)
		2주	받아내림이 있는 (두 자리 수)−(두 자리 수) (2)
		3주	받아내림이 있는 (두 자리 수)−(두 자리 수) (3)
		4주	받아내림이 없는 (세 자리 수)−(두 자리 수)
5	세 자리 수의 뺄셈 1	1주	받아내림이 있는 (세 자리 수)−(두 자리 수) (1)
		2주	받아내림이 있는 (세 자리 수)−(두 자리 수) (2)
		3주	받아내림이 있는 (세 자리 수)−(두 자리 수) (3)
		4주	받아내림이 있는 (세 자리 수)−(두 자리 수) (4)
6	세 자리 수의 뺄셈 2	1주	받아내림이 있는 (세 자리 수)−(세 자리 수) (1)
		2주	받아내림이 있는 (세 자리 수)−(세 자리 수) (2)
		3주	받아내림이 있는 (세 자리 수)−(세 자리 수) (3)
		4주	받아내림이 있는 (세 자리 수)−(세 자리 수) (4)
7	덧셈과 뺄셈의 완성	1주	덧셈의 완성 (1)
		2주	덧셈의 완성 (2)
		3주	뺄셈의 완성 (1)
		4주	뺄셈의 완성 (2)

ME 초등 2 · 3학년 ②

권	제목		주차별 학습 내용
1	곱셈구구	1주	곱셈구구 (1)
		2주	곱셈구구 (2)
		3주	곱셈구구 (3)
		4주	곱셈구구 (4)
2	(두 자리 수)×(한 자리 수) 1	1주	곱셈구구 종합
		2주	(두 자리 수)×(한 자리 수) (1)
		3주	(두 자리 수)×(한 자리 수) (2)
		4주	(두 자리 수)×(한 자리 수) (3)
3	(두 자리 수)×(한 자리 수) 2	1주	(두 자리 수)×(한 자리 수) (1)
		2주	(두 자리 수)×(한 자리 수) (2)
		3주	(두 자리 수)×(한 자리 수) (3)
		4주	(두 자리 수)×(한 자리 수) (4)
4	(세 자리 수)×(한 자리 수)	1주	(세 자리 수)×(한 자리 수) (1)
		2주	(세 자리 수)×(한 자리 수) (2)
		3주	(세 자리 수)×(한 자리 수) (3)
		4주	곱셈 종합
5	(두 자리 수)÷(한 자리 수) 1	1주	나눗셈의 기초 (1)
		2주	나눗셈의 기초 (2)
		3주	나눗셈의 기초 (3)
		4주	(두 자리 수)÷(한 자리 수)
6	(두 자리 수)÷(한 자리 수) 2	1주	(두 자리 수)÷(한 자리 수) (1)
		2주	(두 자리 수)÷(한 자리 수) (2)
		3주	(두 자리 수)÷(한 자리 수) (3)
		4주	(두 자리 수)÷(한 자리 수) (4)
7	(두·세 자리 수)÷(한 자리 수)	1주	(두 자리 수)÷(한 자리 수) (1)
		2주	(두 자리 수)÷(한 자리 수) (2)
		3주	(세 자리 수)÷(한 자리 수) (1)
		4주	(세 자리 수)÷(한 자리 수) (2)

MF 초등 3 · 4학년

권	제목		주차별 학습 내용
1	(두 자리 수)×(두 자리 수)	1주	(두 자리 수)×(한 자리 수)
		2주	(두 자리 수)×(두 자리 수) (1)
		3주	(두 자리 수)×(두 자리 수) (2)
		4주	(두 자리 수)×(두 자리 수) (3)
2	(두·세 자리 수)×(두 자리 수)	1주	(두 자리 수)×(두 자리 수)
		2주	(세 자리 수)×(두 자리 수) (1)
		3주	(세 자리 수)×(두 자리 수) (2)
		4주	곱셈의 완성
3	(두 자리 수)÷(두 자리 수)	1주	(두 자리 수)÷(두 자리 수) (1)
		2주	(두 자리 수)÷(두 자리 수) (2)
		3주	(두 자리 수)÷(두 자리 수) (3)
		4주	(두 자리 수)÷(두 자리 수) (4)
4	(세 자리 수)÷(두 자리 수)	1주	(세 자리 수)÷(두 자리 수) (1)
		2주	(세 자리 수)÷(두 자리 수) (2)
		3주	(세 자리 수)÷(두 자리 수) (3)
		4주	나눗셈의 완성
5	혼합 계산	1주	혼합 계산 (1)
		2주	혼합 계산 (2)
		3주	혼합 계산 (3)
		4주	곱셈과 나눗셈, 혼합 계산 총정리
6	분수의 덧셈과 뺄셈	1주	분수의 덧셈 (1)
		2주	분수의 덧셈 (2)
		3주	분수의 뺄셈 (1)
		4주	분수의 뺄셈 (2)
7	소수의 덧셈과 뺄셈	1주	분수의 덧셈과 뺄셈
		2주	소수의 기초, 소수의 덧셈과 뺄셈 (1)
		3주	소수의 덧셈과 뺄셈 (2)
		4주	소수의 덧셈과 뺄셈 (3)

주별 학습 내용 MF단계 ❶권

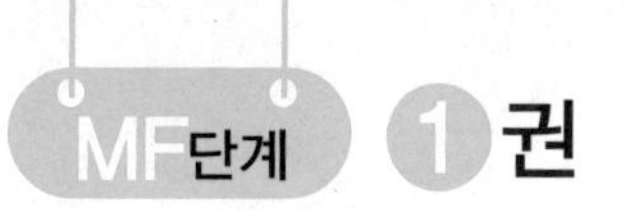

1 권

(두 자리 수)×(한 자리 수)

요일	교재 번호	학습한 날짜	확인
1일차(월)	01~08	월 일	
2일차(화)	09~16	월 일	
3일차(수)	17~24	월 일	
4일차(목)	25~32	월 일	
5일차(금)	33~40	월 일	

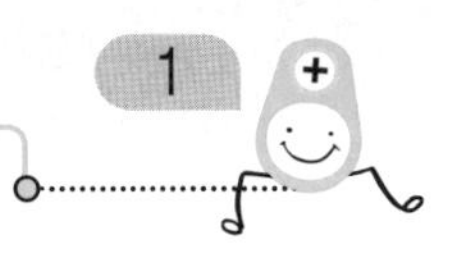

MF01 (두 자리 수) × (한 자리 수)

● 곱셈을 하시오.

(1)

	1	4
×		2

(2)

	3	2
×		2

(3)

	2	1
×		5

(4)

	1	2
×		4

(5)

	2	3
×		3

(6)

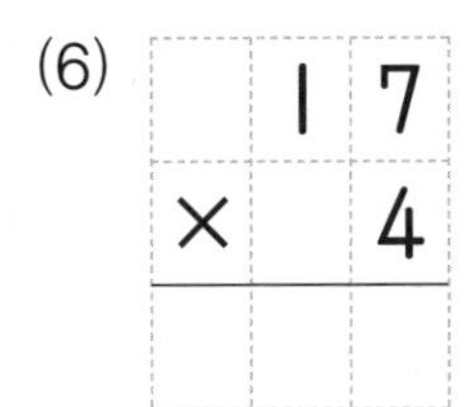

	1	7
×		4

(7)

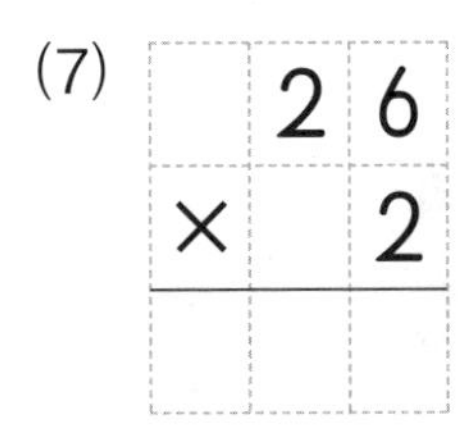

	2	6
×		2

(8)

	3	4
×		3

(9)

	2	7
×		3

(10)

	2	8
×		2

(11)

	1	8
×		3

(12)

	2	4
×		5

(13)

	3	1
×		4

(14)

	1	6
×		2

(15)

	3	7
×		2

(16)

	3	6
×		3

(17)

	1	5
×		7

(18)

	3	7
×		6

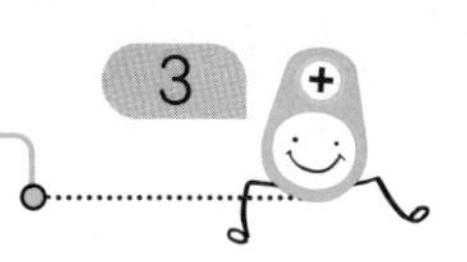

● 곱셈을 하시오.

(1)

	2	2
×		3

(2)

	1	3
×		6

(3)

	3	1
×		7

(4)

	3	5
×		5

(5)

	1	5
×		3

(6)

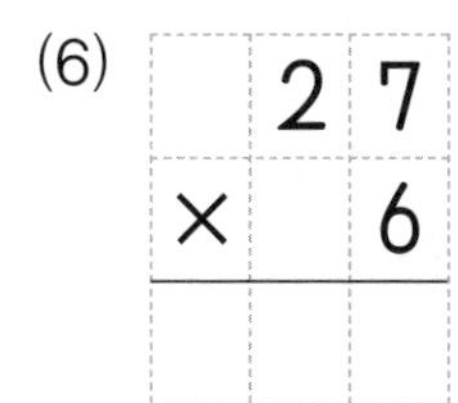

(7)

	2	5
×		8

(8)

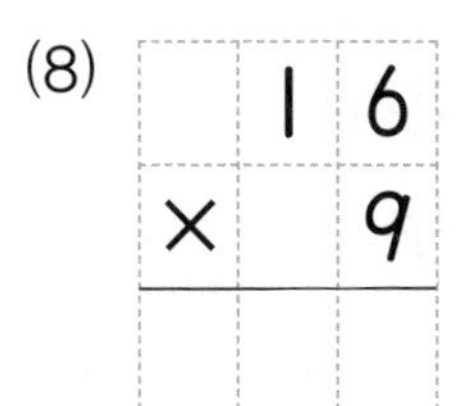

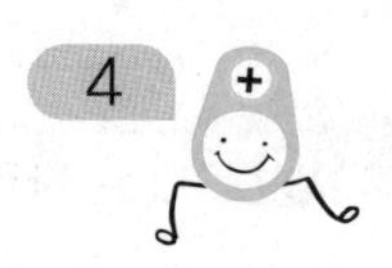

(9)

	2	4
×		2

(10)

	1	9
×		8

(11)

	3	1
×		6

(12)

	1	2
×		7

(13)

	3	8
×		9

(14)

	2	3
×		7

(15)

	2	6
×		8

(16)

	3	2
×		9

(17)

	1	8
×		5

(18)

	3	9
×		5

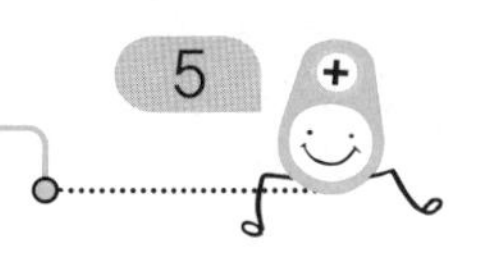

● 곱셈을 하시오.

(1) $\begin{array}{r} 13 \\ \times \quad 2 \\ \hline \end{array}$

(2) $\begin{array}{r} 14 \\ \times \quad 7 \\ \hline \end{array}$

(3) $\begin{array}{r} 23 \\ \times \quad 5 \\ \hline \end{array}$

(4) $\begin{array}{r} 19 \\ \times \quad 3 \\ \hline \end{array}$

(5) $\begin{array}{r} 34 \\ \times \quad 4 \\ \hline \end{array}$

(6)

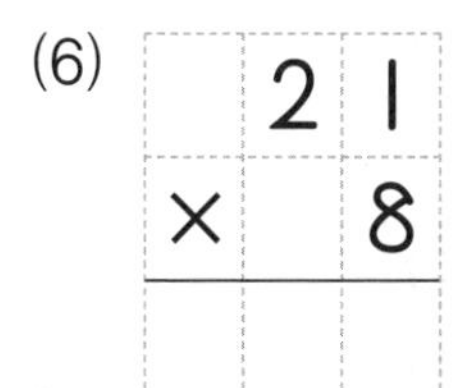

(7)

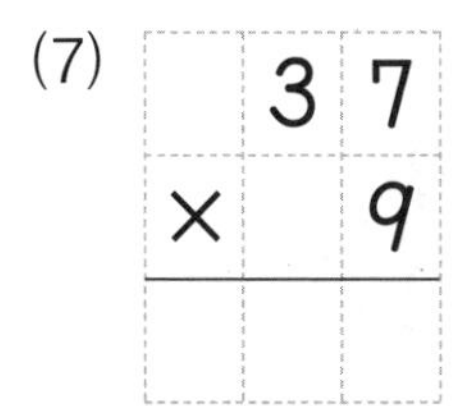

(8) $\begin{array}{r} 35 \\ \times \quad 6 \\ \hline \end{array}$

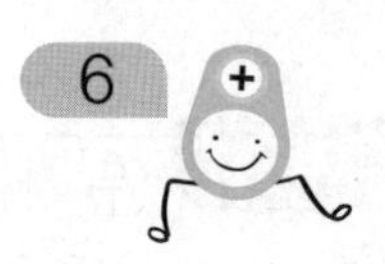

(9)

	3	3
×		3

(10)

	1	3
×		5

(11)

	2	5
×		7

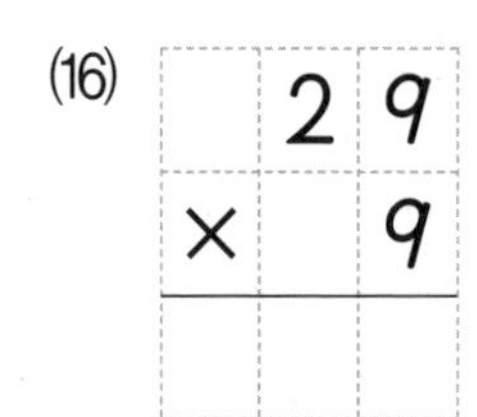

(12)

	3	9
×		2

(13)

	1	8
×		4

(14)

	2	8
×		4

(15)

	3	6
×		8

(16)

	2	9
×		9

(17)

	1	6
×		6

(18)

	3	8
×		3

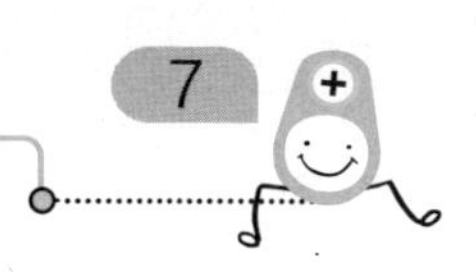

● 곱셈을 하시오.

(1) $23 \times 8 =$

(2) $16 \times 7 =$

(3) $32 \times 8 =$

(4) $27 \times 2 =$

(5) $15 \times 6 =$

(6)
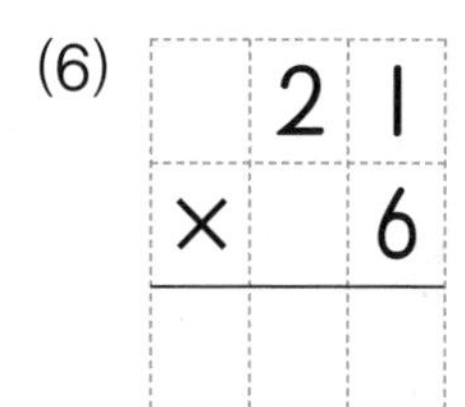

(7)
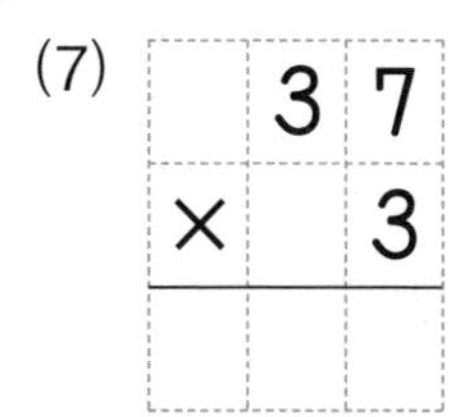

(8)
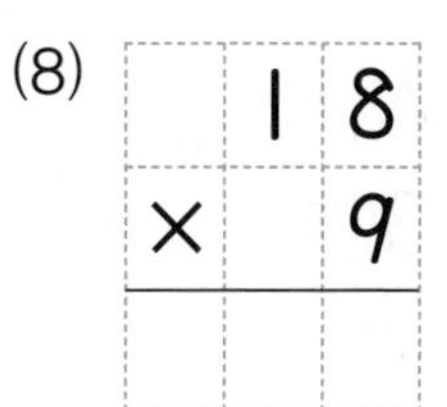

(9)

	1	4
×		4

(10)

	3	1
×		9

(11)

	2	8
×		5

(12)

	3	4
×		7

(13)

	2	4
×		3

(14)

	1	7
×		8

(15)

	3	5
×		7

(16)

	2	4
×		6

(17)

	1	2
×		9

(18)

	2	6
×		5

● 곱셈을 하시오.

(1)

	1	2
×		3

(2)

	3	8
×		2

(3)

	1	5
×		5

(4)

	2	4
×		7

(5)

	2	2
×		4

(6)

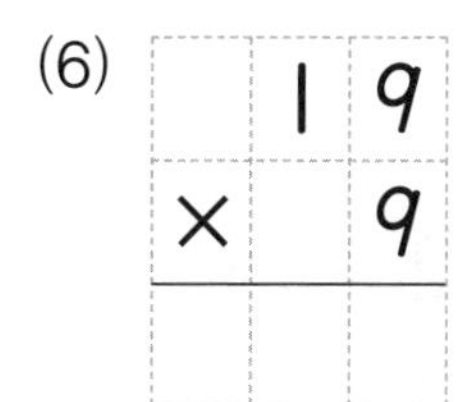

(7)

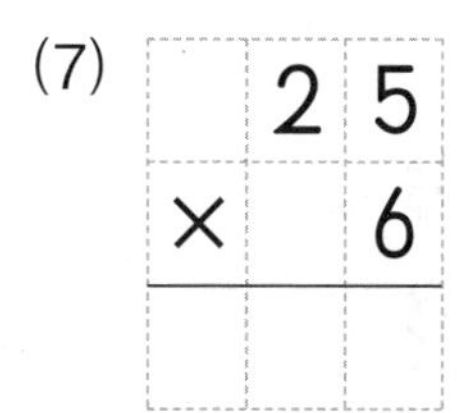

(8)

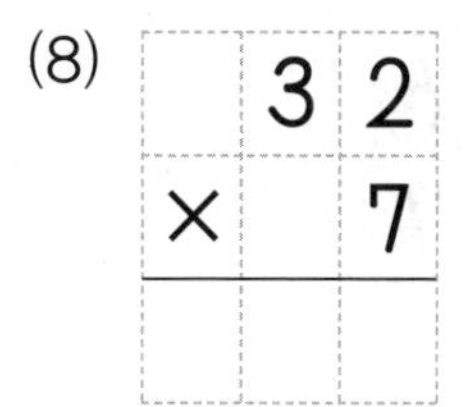

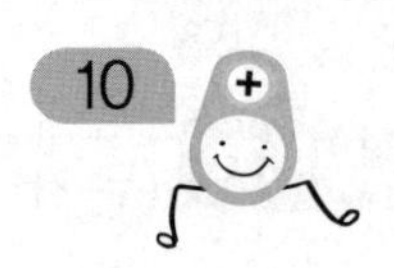

(9)

	1	3
×		4

(10)

	1	3
×		3

(11)

	2	2
×		8

(12)

	3	8
×		3

(13)

	2	6
×		7

(14)

	2	1
×		2

(15)

	3	2
×		5

(16)

	2	3
×		8

(17)

	1	7
×		6

(18)

	2	9
×		8

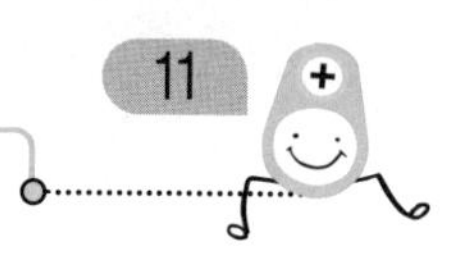

● 곱셈을 하시오.

(1) $\begin{array}{r} 31 \\ \times \quad 2 \\ \hline \end{array}$

(2) $\begin{array}{r} 52 \\ \times \quad 3 \\ \hline \end{array}$

(3) $\begin{array}{r} 37 \\ \times \quad 5 \\ \hline \end{array}$

(4) $\begin{array}{r} 46 \\ \times \quad 3 \\ \hline \end{array}$

(5) $\begin{array}{r} 41 \\ \times \quad 5 \\ \hline \end{array}$

(6)

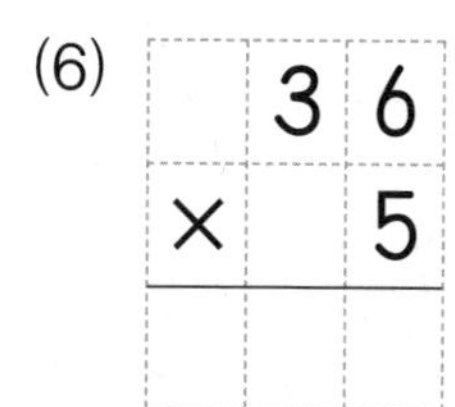

$\begin{array}{r} 36 \\ \times \quad 5 \\ \hline \end{array}$

(7)

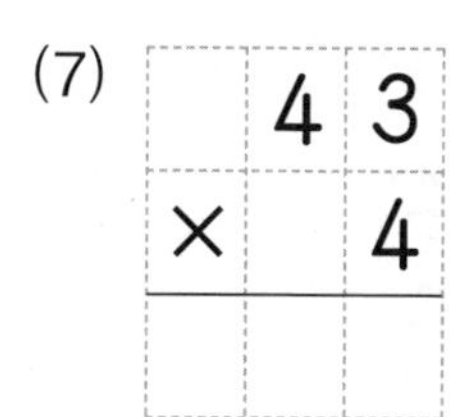

$\begin{array}{r} 43 \\ \times \quad 4 \\ \hline \end{array}$

(8) $\begin{array}{r} 53 \\ \times \quad 7 \\ \hline \end{array}$

(9)

	3	5
×		3

(10)

	5	3
×		5

(11)

	5	7
×		2

(12)

	4	4
×		5

(13)

	5	8
×		3

(14)

	4	2
×		2

(15)

	3	7
×		4

(16)

	3	9
×		3

(17)

	5	4
×		4

(18)

	4	8
×		2

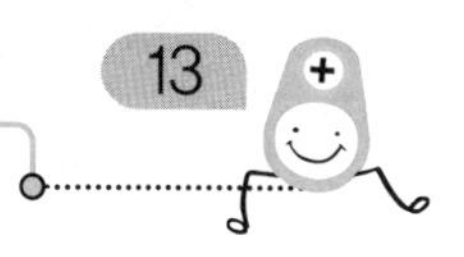

● 곱셈을 하시오.

(1)

	3	1
×		3

(2)

	4	9
×		5

(3)

	3	4
×		2

(4)

	5	6
×		3

(5)

	4	5
×		4

(6)

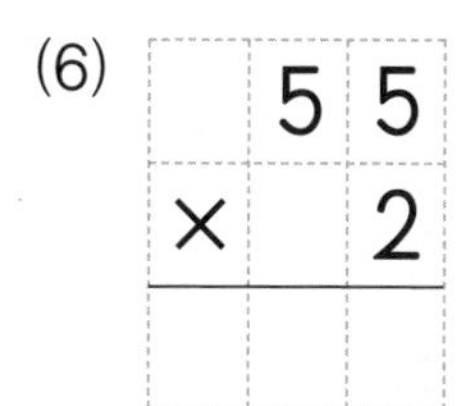

	5	5
×		2

(7)

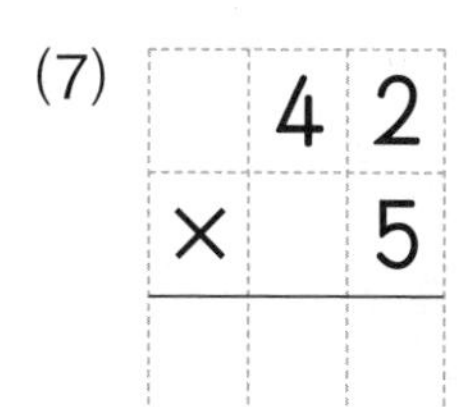

	4	2
×		5

(8)

	3	6
×		4

(9)

	4	5
×		2

(10)

	5	4
×		6

(11)

	4	3
×		9

(12)

	3	5
×		8

(13)

	5	5
×		5

(14)

	4	7
×		6

(15)

	3	8
×		7

(16)

	4	4
×		7

(17)

	5	2
×		9

(18)

	4	1
×		7

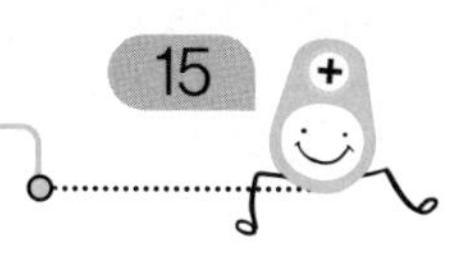

● 곱셈을 하시오.

(1) $36 \times 2 =$

(2) $34 \times 8 =$

(3) $51 \times 2 =$

(4) $56 \times 4 =$

(5) $45 \times 3 =$

(6)

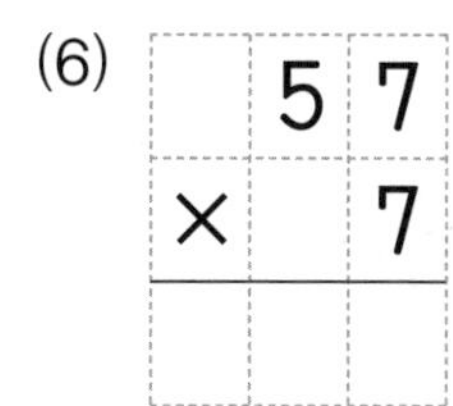

(7)

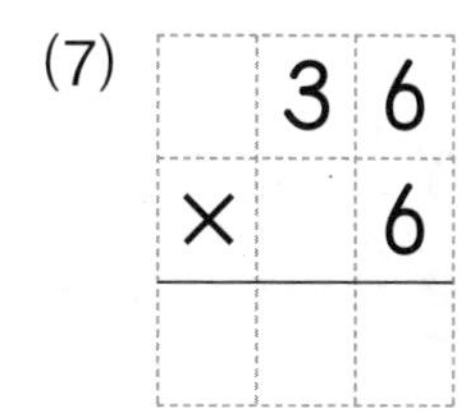

(8)

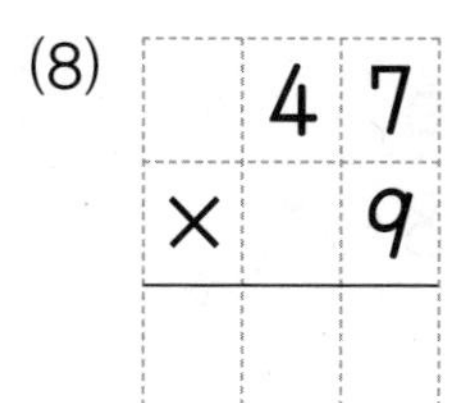

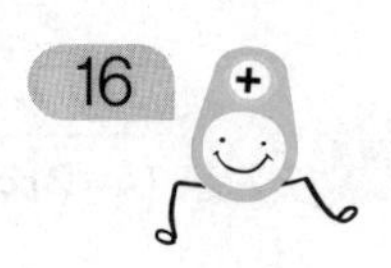

(9)

	4	2
×		4

(10)

	5	8
×		6

(11)

	4	8
×		7

(12)

	3	7
×		8

(13)

	5	6
×		8

(14)

	3	2
×		3

(15)

	4	6
×		6

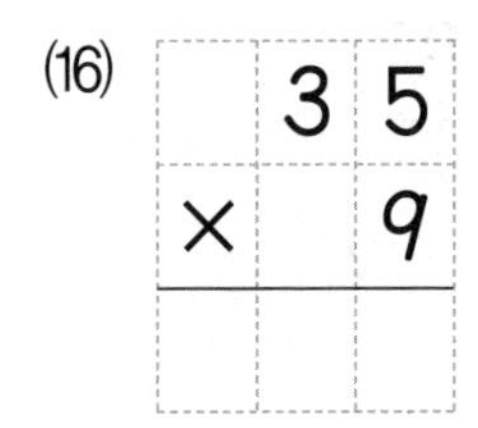

(16)

	3	5
×		9

(17)

	4	9
×		4

(18)

	5	9
×		9

● 곱셈을 하시오.

(1)

	3	3
×		2

(2)

	3	5
×		4

(3)

	5	7
×		5

(4)

	4	2
×		7

(5)

	5	3
×		3

(6)

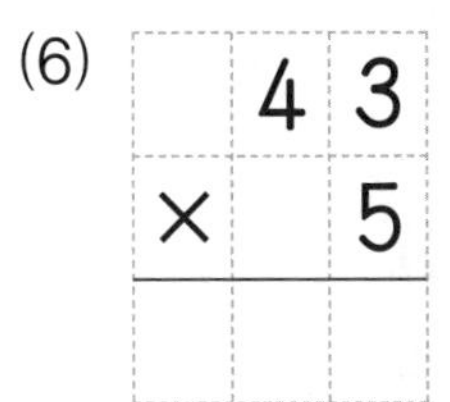

	4	3
×		5

(7)

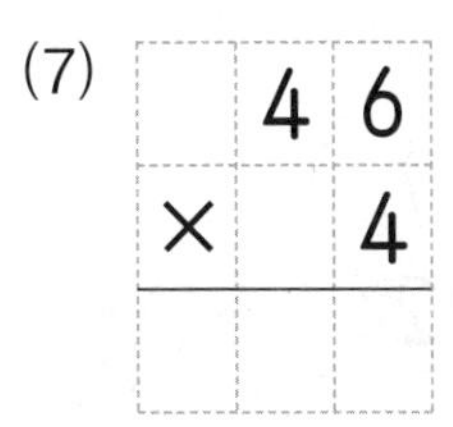

	4	6
×		4

(8)

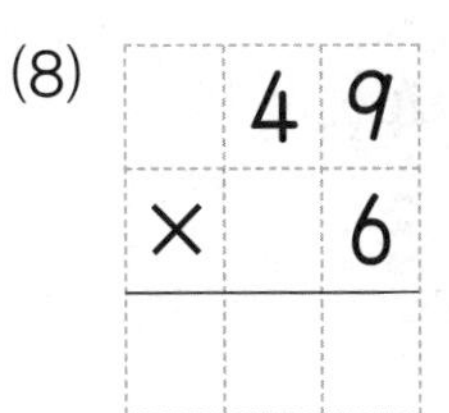

	4	9
×		6

(9)

	3	2
×		3

(10)

	4	5
×		5

(11)

	5	4
×		5

(12)

	4	7
×		2

(13)

	5	4
×		3

(14)

	4	8
×		3

(15)

	5	9
×		3

(16)

	3	4
×		5

(17)

	3	8
×		4

(18)

	4	4
×		3

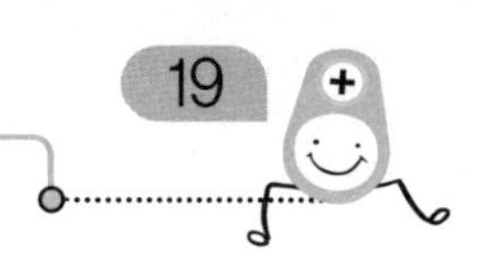

● 곱셈을 하시오.

(1)

	5	2
×		2

(2)

	5	5
×		4

(3)

	7	7
×		2

(4)

	6	3
×		4

(5)

	7	4
×		3

(6)

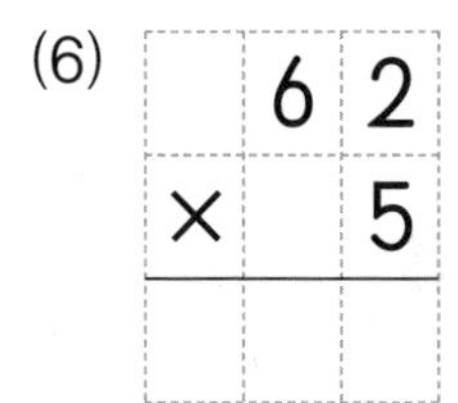

(7)

	5	1
×		3

(8)

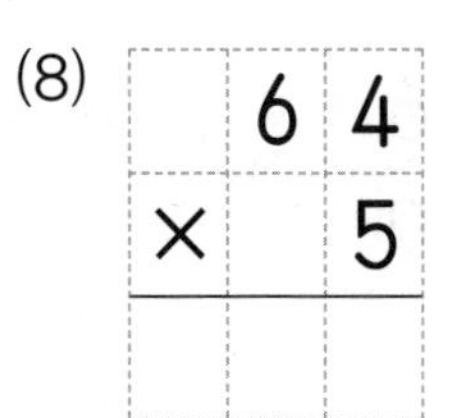

(9)

	5	4
×		2

(10)

	7	8
×		2

(11)

	6	8
×		2

(12)

	7	6
×		4

(13)

	5	6
×		2

(14)

	7	5
×		4

(15)

	6	6
×		5

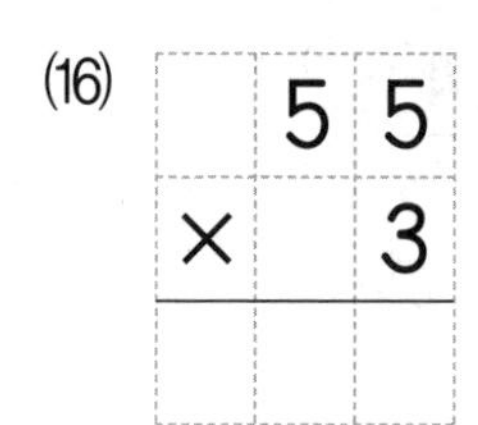

(16)

	5	5
×		3

(17)

	6	7
×		4

(18)

	7	3
×		5

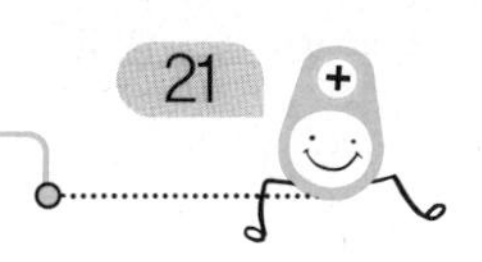

● 곱셈을 하시오.

(1)

	5	9
×		5

(2)

	7	4
×		5

(3)

	6	3
×		3

(4)

	5	1
×		5

(5)

	6	5
×		3

(6)

	6	9
×		4

(7)

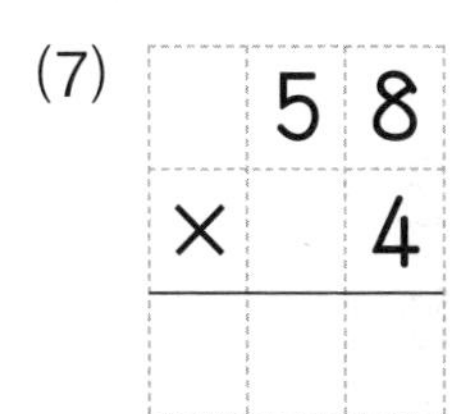

	5	8
×		4

(8)

	7	5
×		2

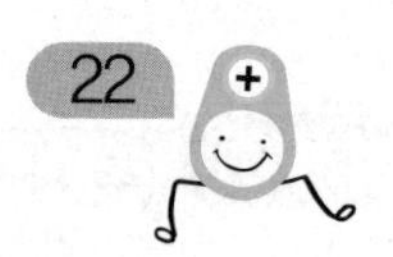

(9)

	6	4
×		2

(10)

	7	8
×		3

(11)

	6	2
×		9

(12)

	5	2
×		8

(13)

	7	2
×		7

(14)

	6	4
×		3

(15)

	5	3
×		6

(16)

	7	3
×		6

(17)

	6	5
×		7

(18)

	7	7
×		9

● 곱셈을 하시오.

(1)

	5	2
×		4

(2)

	5	8
×		8

(3)

	6	9
×		7

(4)

	5	9
×		4

(5)

	7	1
×		6

(6)

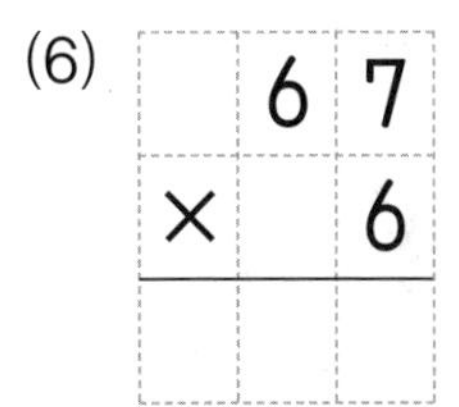

(7)

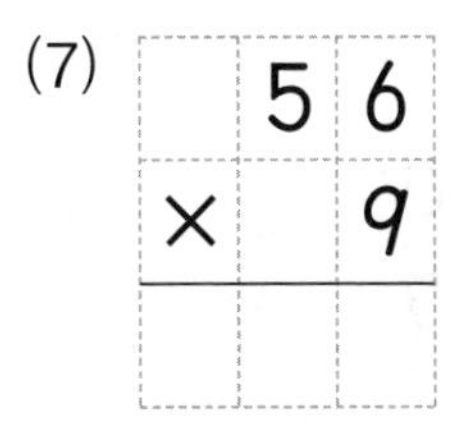

(8)

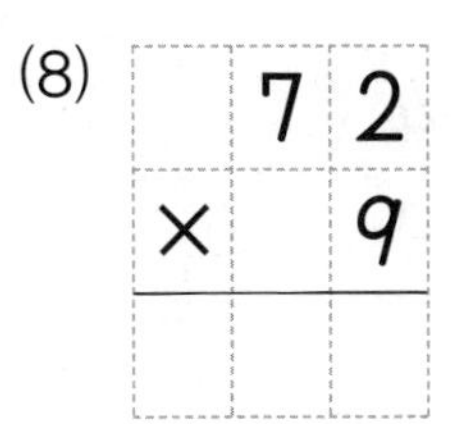

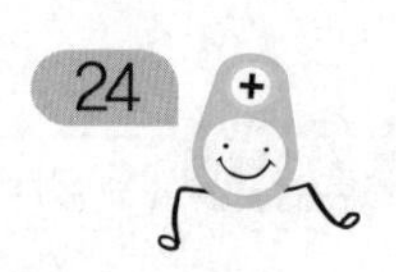

(9)

	6	6
×		7

(10)

	7	1
×		9

(11)

	5	8
×		5

(12)

	6	8
×		7

(13)

	7	4
×		9

(14)

	5	2
×		6

(15)

	6	7
×		3

(16)

	7	6
×		6

(17)

	5	4
×		9

(18)

	7	5
×		8

● 곱셈을 하시오.

(1) $53 \times 2 =$

(2) $72 \times 5 =$

(3) $53 \times 4 =$

(4) $65 \times 5 =$

(5) $61 \times 3 =$

(6) $57 \times 4 =$

(7)

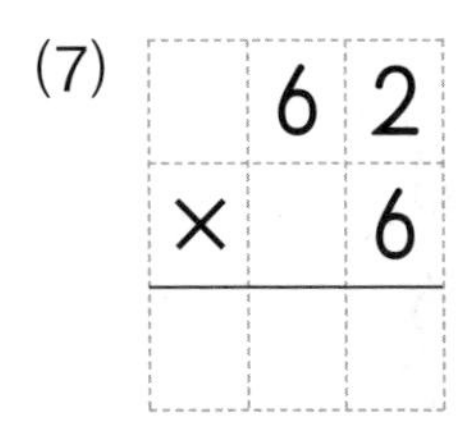

(8)

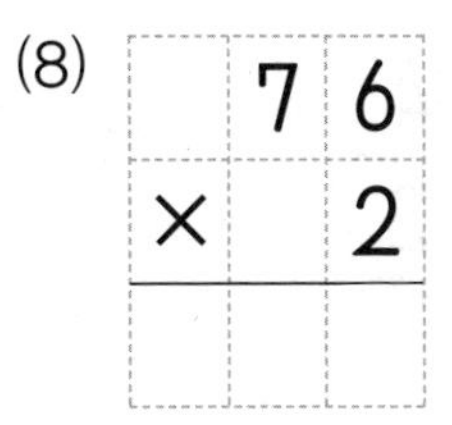

(9)

	6	9
×		2

(10)

	5	8
×		9

(11)

	7	9
×		3

(12)

	6	8
×		6

(13)

	7	4
×		2

(14)

	5	2
×		7

(15)

	7	3
×		3

(16)

	5	9
×		6

(17)

	7	5
×		5

(18)

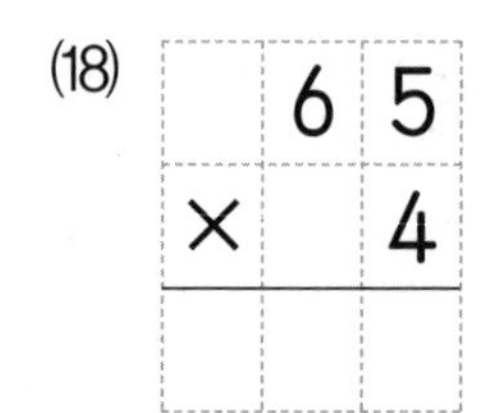

	6	5
×		4

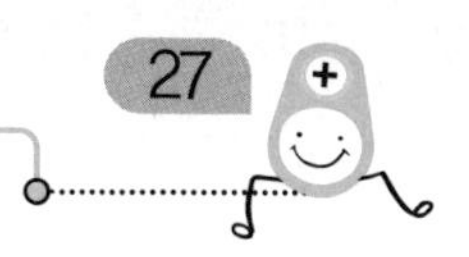

● 곱셈을 하시오.

(1)

$$\begin{array}{r} 73 \\ \times \quad 2 \\ \hline \end{array}$$

(2)

$$\begin{array}{r} 97 \\ \times \quad 2 \\ \hline \end{array}$$

(3)

$$\begin{array}{r} 84 \\ \times \quad 5 \\ \hline \end{array}$$

(4)

$$\begin{array}{r} 79 \\ \times \quad 5 \\ \hline \end{array}$$

(5)

$$\begin{array}{r} 82 \\ \times \quad 4 \\ \hline \end{array}$$

(6)

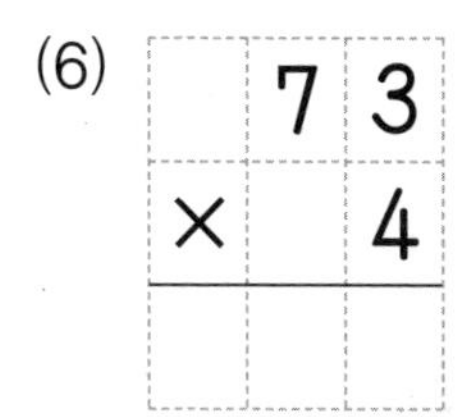

$$\begin{array}{r} 73 \\ \times \quad 4 \\ \hline \end{array}$$

(7)

$$\begin{array}{r} 87 \\ \times \quad 3 \\ \hline \end{array}$$

(8)

$$\begin{array}{r} 93 \\ \times \quad 9 \\ \hline \end{array}$$

(9)

	7	8
×		4

(10)

	9	4
×		3

(11)

	9	2
×		5

(12)

	8	6
×		4

(13)

	9	8
×		2

(14)

	8	3
×		2

(15)

	7	7
×		5

(16)

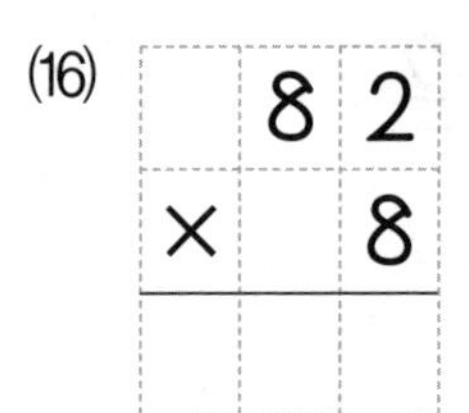

	8	2
×		8

(17)

	7	9
×		4

(18)

	9	5
×		7

● 곱셈을 하시오.

(1)

	7	1
×		4

(2)

	8	5
×		5

(3)

	9	5
×		2

(4)

	8	9
×		4

(5)

	9	6
×		2

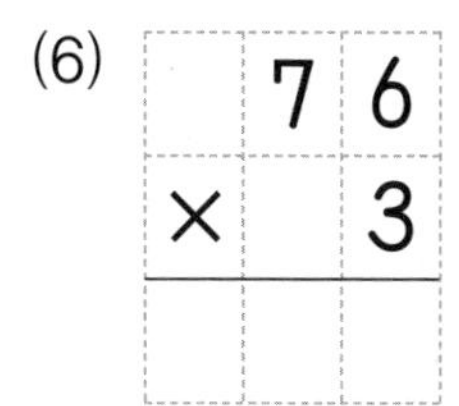

(6)

	7	6
×		3

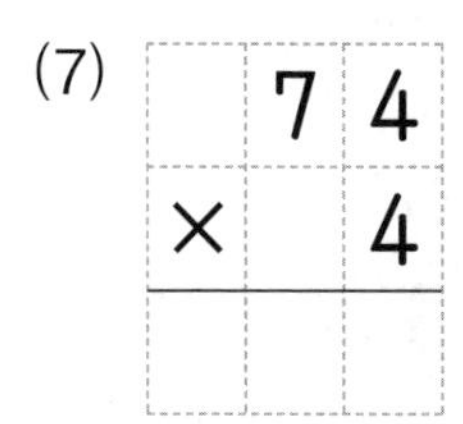

(7)

	7	4
×		4

(8)

	9	3
×		5

(9)

	7	2
×		4

(10)

	8	7
×		5

(11)

	9	1
×		9

(12)

	7	8
×		8

(13)

	8	2
×		9

(14)

	8	3
×		7

(15)

	7	9
×		2

(16)

	8	8
×		6

(17)

	9	2
×		8

(18)

	9	7
×		7

● 곱셈을 하시오.

(1)

	8	4
×		2

(5)

	7	5
×		9

(2)

	7	4
×		8

(6)

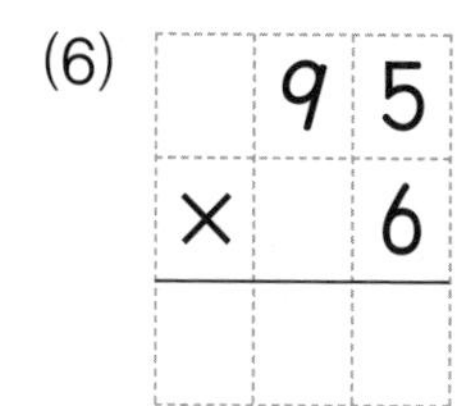

	9	5
×		6

(3)

	8	6
×		8

(7)

	8	1
×		5

(4)

	7	8
×		7

(8)

	9	4
×		7

(9)

	9	2
×		3

(10)

	8	5
×		7

(11)

	9	2
×		7

(12)

	7	5
×		3

(13)

	8	4
×		9

(14)

	7	4
×		6

(15)

	7	6
×		5

(16)

	8	9
×		8

(17)

	9	8
×		8

(18)

	9	6
×		9

● 곱셈을 하시오.

(1)

	7	2
×		2

(5)

	8	2
×		5

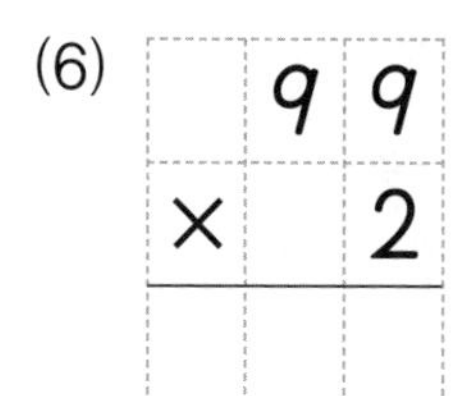

(2)

	7	7
×		3

(6)

	9	9
×		2

(3)

	8	5
×		4

(7)

	7	1
×		5

(4)

	9	4
×		5

(8)

	8	6
×		3

(9)

	8	8
×		7

(10)

	7	6
×		7

(11)

	9	1
×		6

(12)

	7	8
×		9

(13)

	9	7
×		9

(14)

	7	9
×		8

(15)

	8	3
×		8

(16)

	8	4
×		7

(17)

	9	5
×		5

(18)

	9	9
×		6

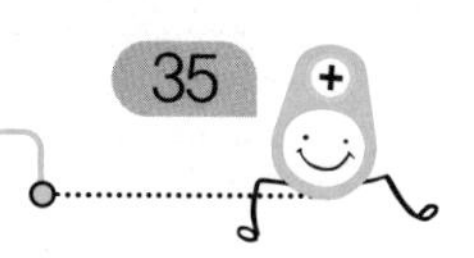

● 곱셈을 하시오.

(1)

	1	6
×		5

(2)

	4	7
×		4

(3)

	3	8
×		8

(4)

	7	4
×		7

(5)

	5	7
×		6

(6)

	2	6
×		6

(7)

	6	3
×		7

(8)

	8	7
×		2

(9)

	2	8
×		6

(10)

	4	8
×		9

(11)

	3	6
×		9

(12)

	6	8
×		5

(13)

	8	6
×		7

(14)

	1	4
×		8

(15)

	5	6
×		6

(16)

	7	8
×		5

(17)

	9	3
×		8

(18)

	9	8
×		7

● 곱셈을 하시오.

(1)

	2	3
×		9

(2)

	6	4
×		4

(3)

	5	6
×		5

(4)

	7	2
×		3

(5)

	3	1
×		5

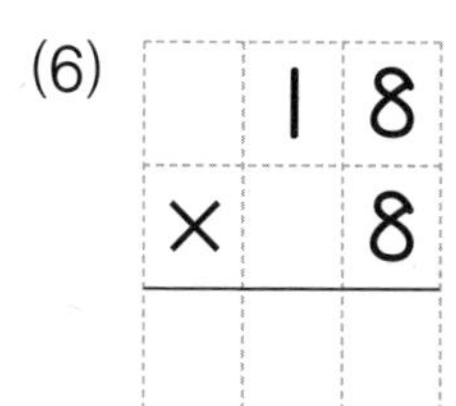

(6)

	1	8
×		8

(7)

	4	9
×		3

(8)

	8	5
×		2

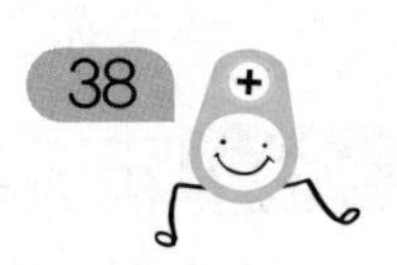

(9)

	4	6
×		2

(10)

	2	7
×		8

(11)

	3	4
×		6

(12)

	7	3
×		8

(13)

	8	9
×		3

(14)

	1	7
×		3

(15)

	5	2
×		5

(16)

	6	1
×		9

(17)

	9	4
×		2

(18)

	4	5
×		6

● 곱셈을 하시오.

(1)
$$\begin{array}{r} 15 \\ \times\quad 8 \\ \hline \end{array}$$

(2)
$$\begin{array}{r} 66 \\ \times\quad 7 \\ \hline \end{array}$$

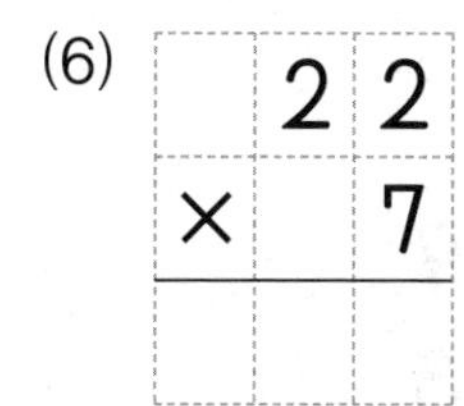

(3)
$$\begin{array}{r} 44 \\ \times\quad 4 \\ \hline \end{array}$$

(4)
$$\begin{array}{r} 77 \\ \times\quad 6 \\ \hline \end{array}$$

(5)
$$\begin{array}{r} 55 \\ \times\quad 7 \\ \hline \end{array}$$

(6)
$$\begin{array}{r} 22 \\ \times\quad 7 \\ \hline \end{array}$$

(7)
$$\begin{array}{r} 33 \\ \times\quad 5 \\ \hline \end{array}$$

(8)
$$\begin{array}{r} 88 \\ \times\quad 9 \\ \hline \end{array}$$

(9)

	2	2
×		5

(10)

	3	3
×		9

(11)

	9	9
×		3

(12)

	6	6
×		4

(13)

	4	4
×		6

(14)

	5	5
×		8

(15)

	8	8
×		5

(16)

	4	4
×		7

(17)

	7	7
×		4

(18)

	8	8
×		8

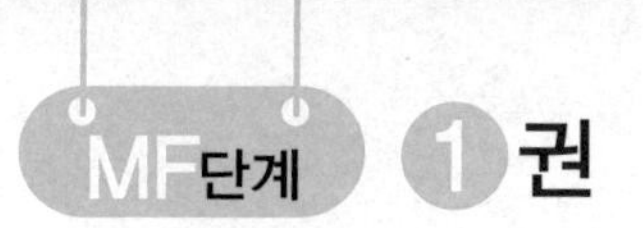

(두 자리 수)×(두 자리 수) (1)

요일	교재 번호	학습한 날짜	확인
1일차(월)	01~08	월 일	
2일차(화)	09~16	월 일	
3일차(수)	17~24	월 일	
4일차(목)	25~32	월 일	
5일차(금)	33~40	월 일	

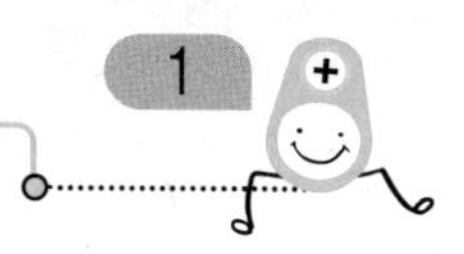

● 곱셈을 하시오.

(1)

	1	1
×		4

(5)

	3	9
×		4

(2)

	2	3
×		6

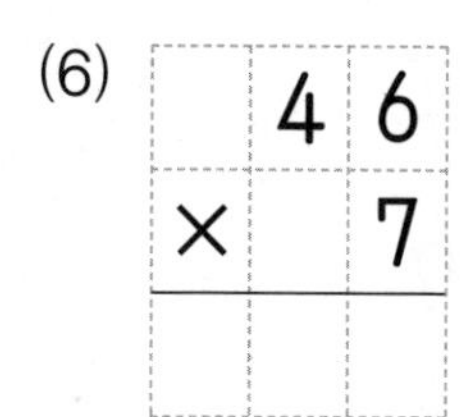

(6)

	4	6
×		7

(3)

	1	6
×		3

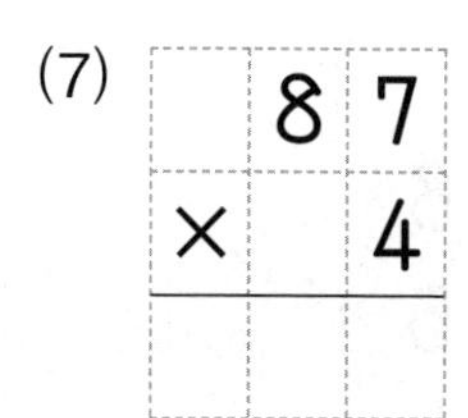

(7)

	8	7
×		4

(4)

	6	7
×		2

(8)

	5	5
×		9

(9)

	3	1
×		8

(10)

	5	8
×		2

(11)

	2	9
×		4

(12)

	4	8
×		5

(13)

	3	4
×		9

(14)

	9	3
×		7

(15)

	8	5
×		3

(16)

	6	5
×		6

(17)

	7	3
×		8

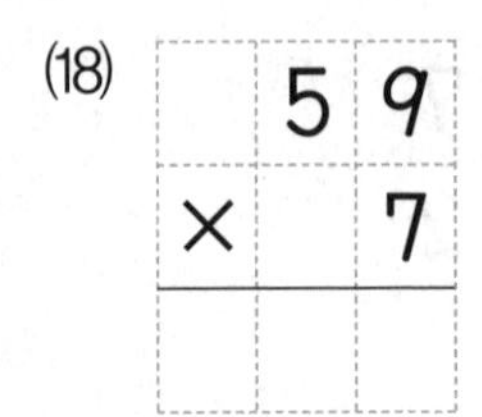

(18)

	5	9
×		7

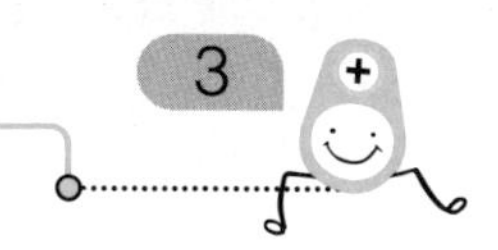

● |보기|와 같이 곱셈을 하시오.

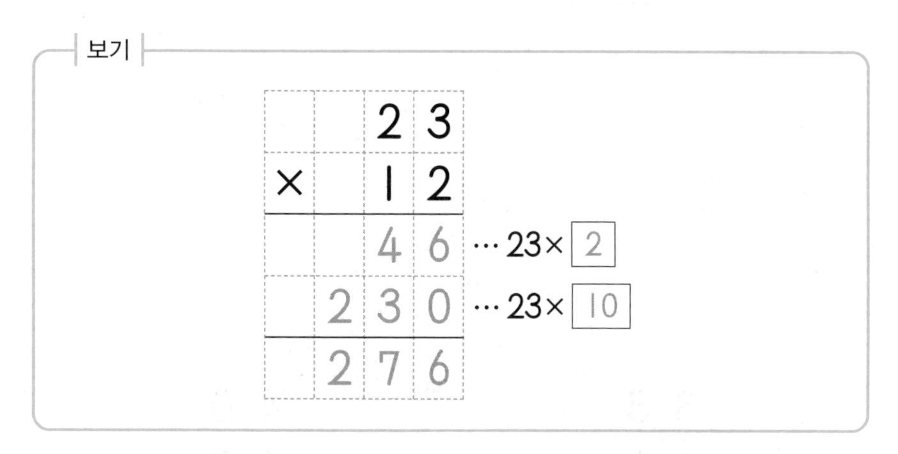

(1)

		1	2
×		1	1
				··· 12× □
				··· 12× □

(3)

		2	2
×		1	3
				··· 22× □
				··· 22× □

★(2)

		1	0
×		2	4
				··· 10× □
				··· 10× □

(4)

		3	0
×		2	7
				··· 30× □
				··· 30× □

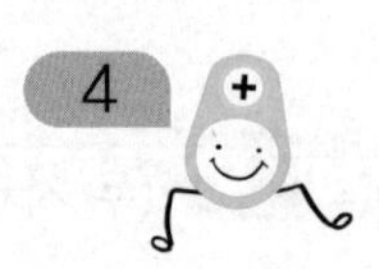

(5)

		2	0
×		2	6

(6)

		3	3
×		1	2

(7)

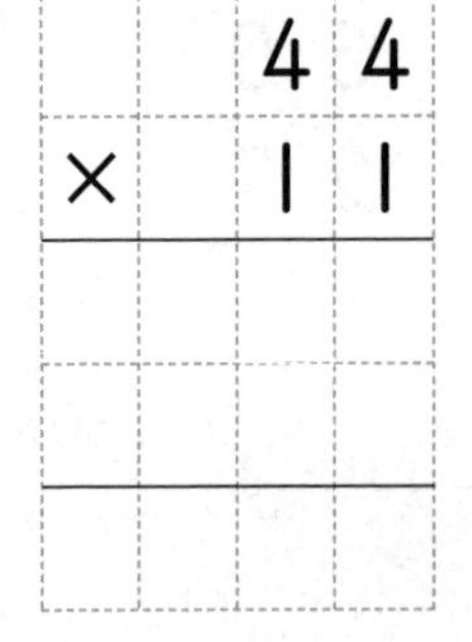

		4	4
×		1	1

(8)

		1	2
×		1	2

(9)

		4	0
×		2	7

(10)

		1	3
×		1	2

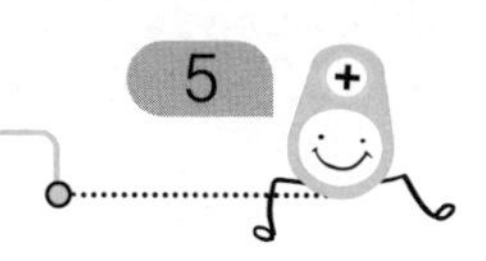

● 곱셈을 하시오.

(1)

$$\begin{array}{r} 14 \\ \times\ 12 \\ \hline \end{array}$$

(4)

$$\begin{array}{r} 20 \\ \times\ 32 \\ \hline \end{array}$$

(2)

$$\begin{array}{r} 30 \\ \times\ 34 \\ \hline \end{array}$$

(5)

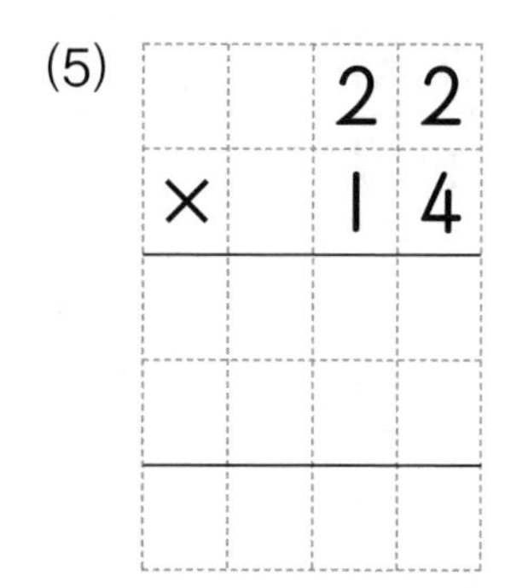

$$\begin{array}{r} 22 \\ \times\ 14 \\ \hline \end{array}$$

(3)

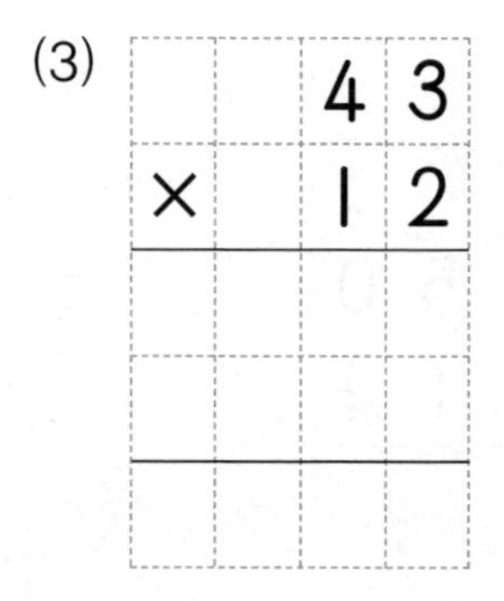

$$\begin{array}{r} 43 \\ \times\ 12 \\ \hline \end{array}$$

(6)

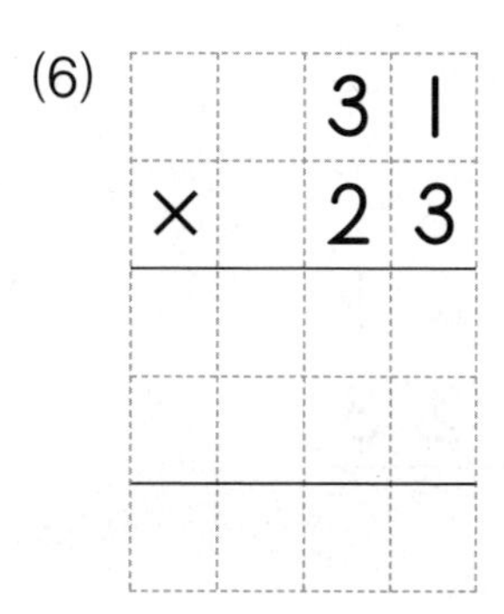

$$\begin{array}{r} 31 \\ \times\ 23 \\ \hline \end{array}$$

Talk

$$\begin{array}{r} 14 \\ \times\ 12 \\ \hline 28 \\ 140 \\ \hline 168 \end{array}$$

→ '0'은 생략해도 됩니다.

(7)

		2	1
×		2	2

(8)

		4	0
×		1	7

(9)

		4	1
×		2	3

(10)

		2	2
×		2	1

(11)

		3	3
×		2	3

(12)

		5	0
×		1	4

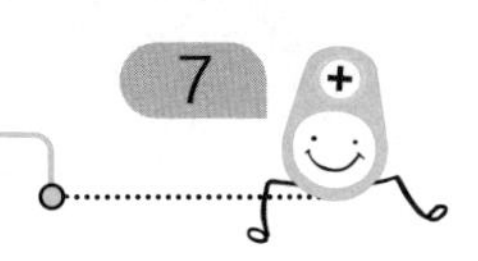

● 곱셈을 하시오.

(1)

		4	2
×		1	2

(4)

		2	0
×		2	3

(2)

		5	3
×		1	2

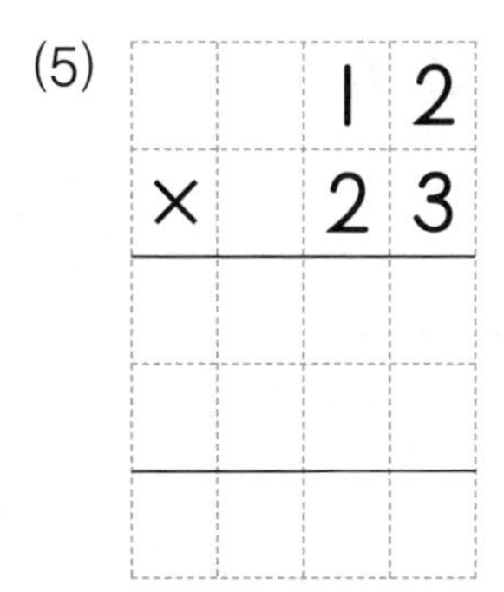

(5)

		1	2
×		2	3

(3)

		1	4
×		2	2

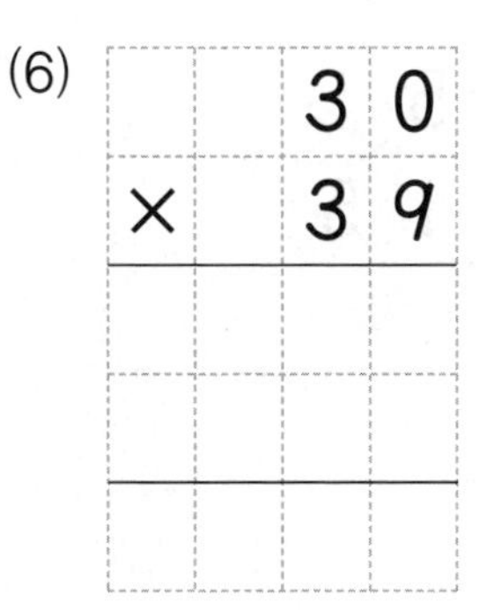

(6)

		3	0
×		3	9

(7)

		2	3
×		2	3

(10)

		2	0
×		4	4

(8)

		1	2
×		2	4

(11)

		4	0
×		2	9

(9)

		5	1
×		1	5

(12)

		3	2
×		2	1

● 곱셈을 하시오.

(1)

$$\begin{array}{r} 41 \\ \times\ 21 \\ \hline \end{array}$$

(4)

$$\begin{array}{r} 30 \\ \times\ 22 \\ \hline \end{array}$$

(2)

$$\begin{array}{r} 34 \\ \times\ 21 \\ \hline \end{array}$$

(5)

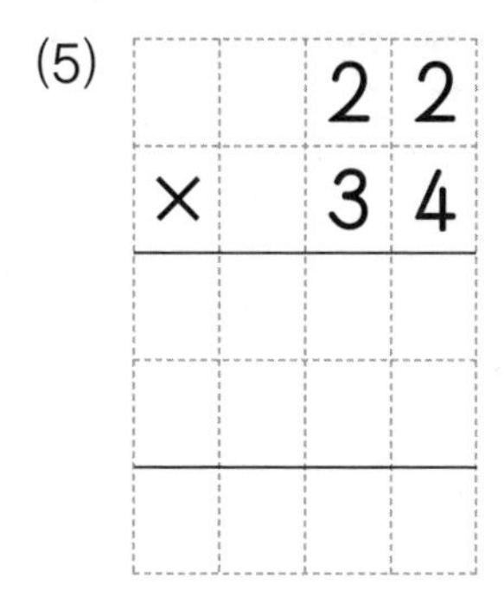

$$\begin{array}{r} 22 \\ \times\ 34 \\ \hline \end{array}$$

(3)

$$\begin{array}{r} 20 \\ \times\ 48 \\ \hline \end{array}$$

(6)

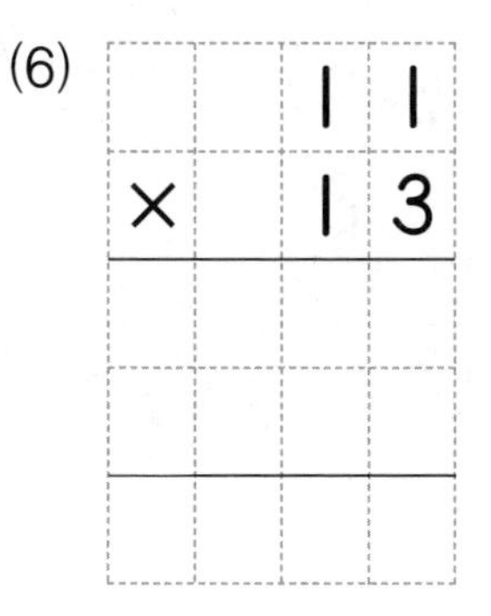

$$\begin{array}{r} 11 \\ \times\ 13 \\ \hline \end{array}$$

(7)

		4	0
×		2	5

(8)

		2	3
×		2	2

(9)

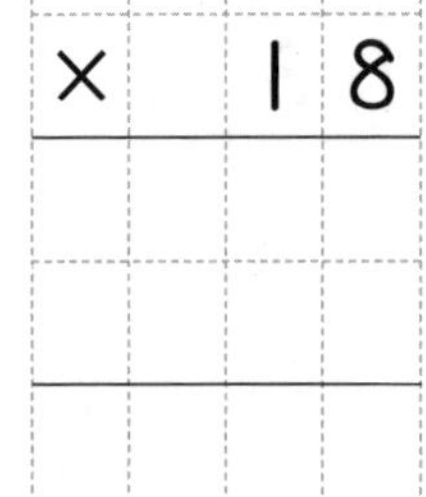

		5	0
×		1	8

(10)

		1	3
×		3	3

(11)

		3	1
×		3	6

(12)

		3	1
×		2	7

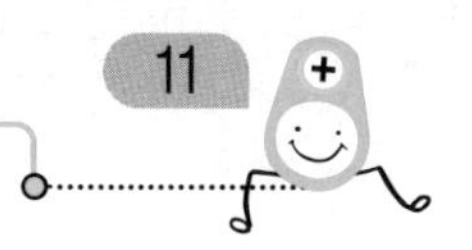

● 곱셈을 하시오.

(1)

		2	4
×		1	1

(2)

		3	1
×		2	5

(3)

		4	2
×		1	3

(4)

		4	0
×		1	2

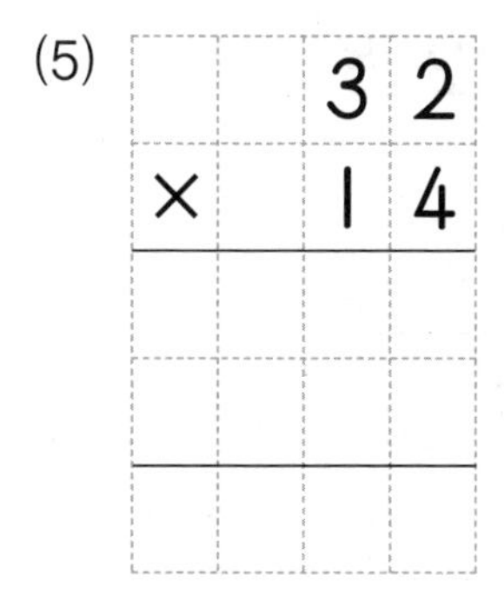

(5)

		3	2
×		1	4

(6)

		5	0
×		1	5

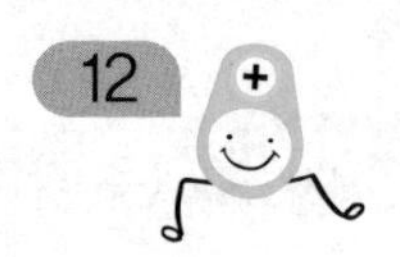

(7)

		4	2
×		2	4

(8)

		4	1
×		2	8

(9)

		3	4
×		2	2

(10)

		2	0
×		3	7

(11)

		2	4
×		2	2

(12)

		5	0
×		1	7

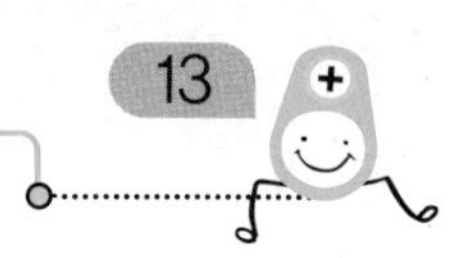

● 곱셈을 하시오.

(1)

		2	1
×		2	8

(4)

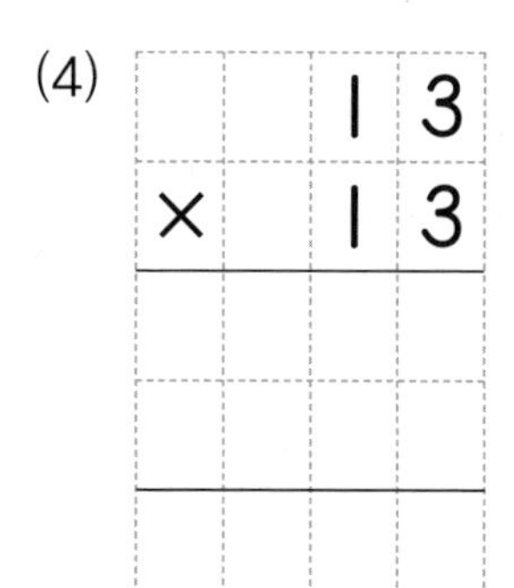

(2)

		2	3
×		2	1

(5)

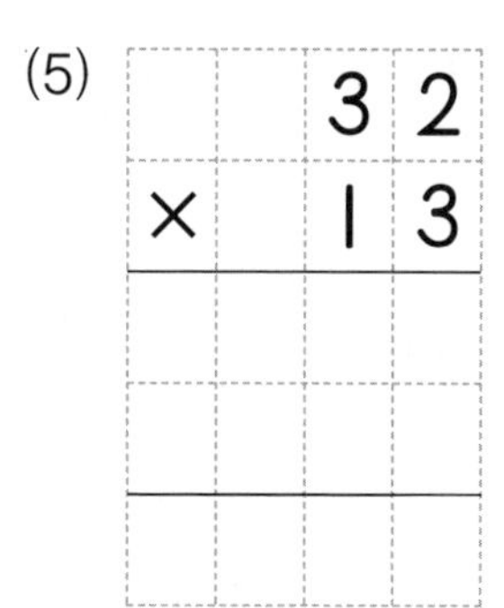

(3)

		4	0
×		1	9

(6)

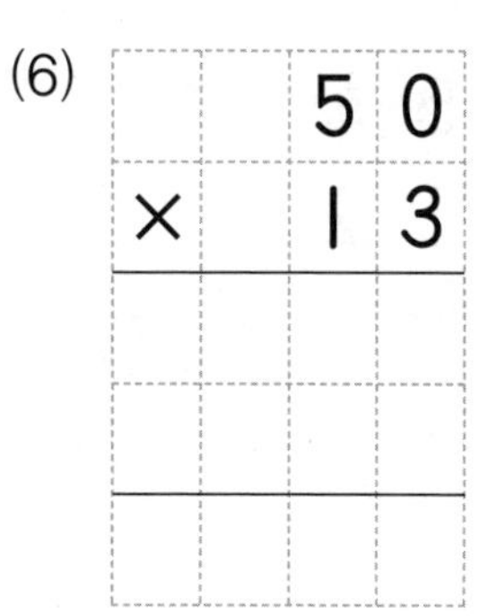

(7)

$$\begin{array}{cccc} & & 2 & 4 \\ \times & & 1 & 2 \\ \hline & & & \\ & & & \\ \hline & & & \end{array}$$

(8)

$$\begin{array}{cccc} & & 3 & 0 \\ \times & & 1 & 7 \\ \hline & & & \\ & & & \\ \hline & & & \end{array}$$

(9)

$$\begin{array}{cccc} & & 5 & 4 \\ \times & & 1 & 2 \\ \hline & & & \\ & & & \\ \hline & & & \end{array}$$

(10)

$$\begin{array}{cccc} & & 4 & 3 \\ \times & & 2 & 3 \\ \hline & & & \\ & & & \\ \hline & & & \end{array}$$

(11)

$$\begin{array}{cccc} & & 4 & 1 \\ \times & & 1 & 8 \\ \hline & & & \\ & & & \\ \hline & & & \end{array}$$

(12)

$$\begin{array}{cccc} & & 2 & 0 \\ \times & & 3 & 5 \\ \hline & & & \\ & & & \\ \hline & & & \end{array}$$

● 곱셈을 하시오.

(1)

		2	1
×		4	9

(4)

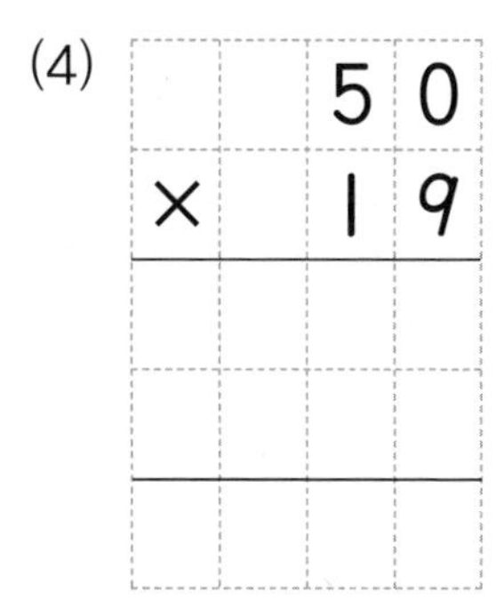

(2)

		4	0
×		1	4

(5)

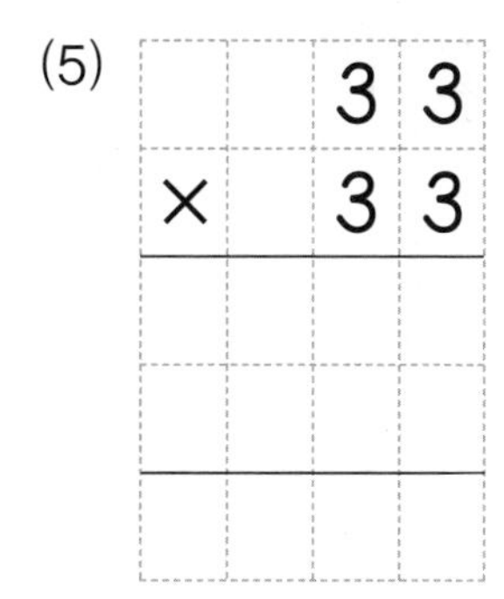

(3)

		2	2
×		3	2

(6)

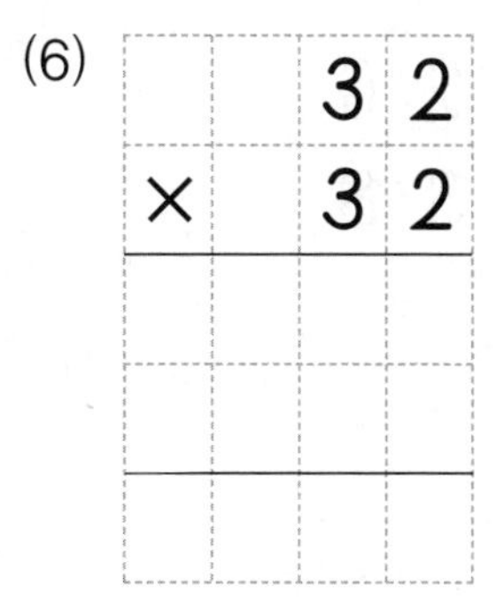

(7)

		3	0
×		2	6

(8)

		1	4
×		2	1

(9)

		2	0
×		3	8

(10)

		4	1
×		2	4

(11)

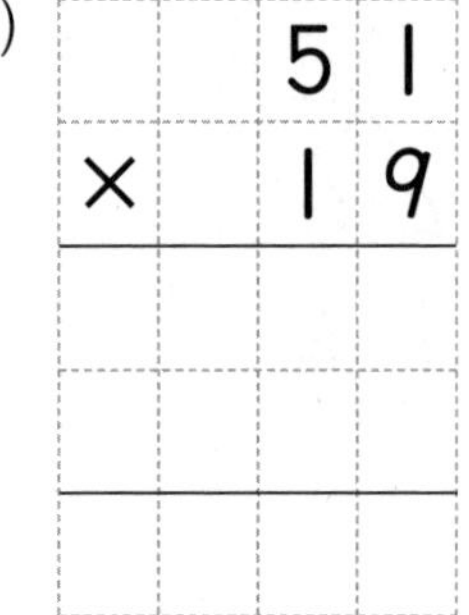

(12)

		4	4
×		2	1

● 곱셈을 하시오.

(1)

		1	2
×		4	1

(2)

		3	1
×		3	7

(3)

		4	0
×		2	1

(4)

		2	0
×		1	8

(5)

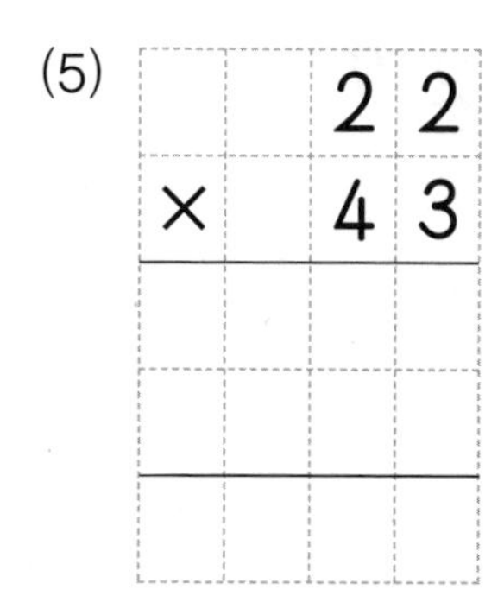

(6)

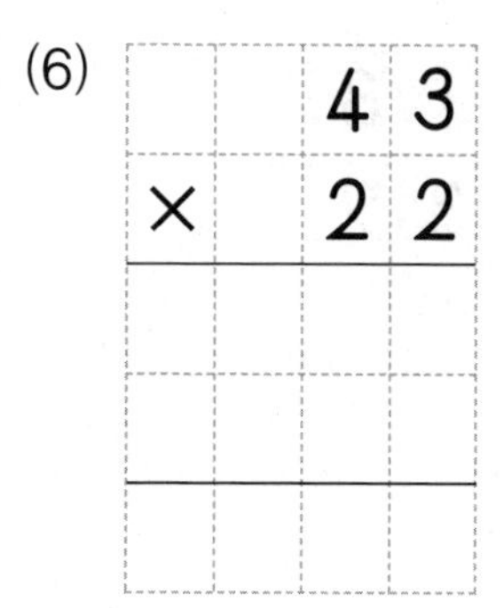

(7)

		3	2
×		3	4

(8)

		2	0
×		2	9

(9)

		1	3
×		3	2

(10)

		4	0
×		1	5

(11)

		2	2
×		2	4

(12)

		3	0
×		2	4

● 보기 와 같이 곱셈을 하시오.

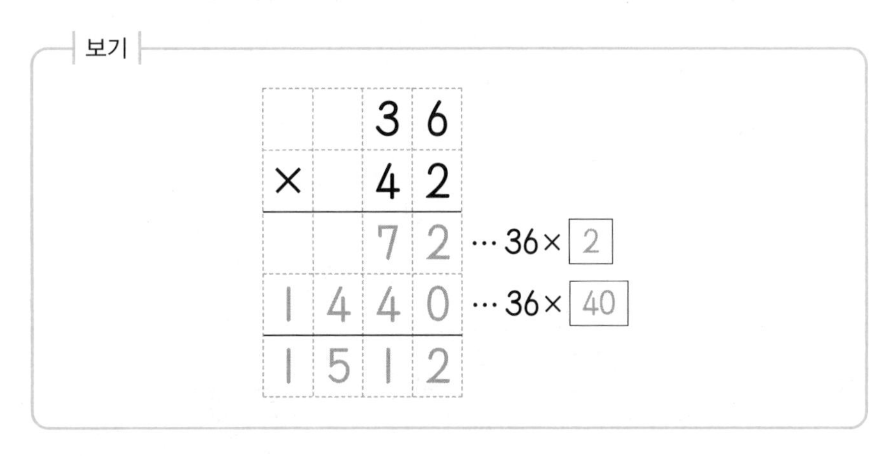

(1)

		2	8	
×		1	3	
				… 28× □
				… 28× □

(2)

		1	6	
×		1	2	
				… 16× □
				… 16× □

(3)

		1	5	
×		3	2	
				… 15× □
				… 15× □

★(4)

		5	2	
×		2	3	
				… 52× □
				… 52× □

(5)

$$\begin{array}{r} 26 \\ \times\ 23 \\ \hline \\ \\ \hline \\ \end{array}$$

(6)

$$\begin{array}{r} 42 \\ \times\ 16 \\ \hline \\ \\ \hline \\ \end{array}$$

(7)

$$\begin{array}{r} 32 \\ \times\ 15 \\ \hline \\ \\ \hline \\ \end{array}$$

(8)

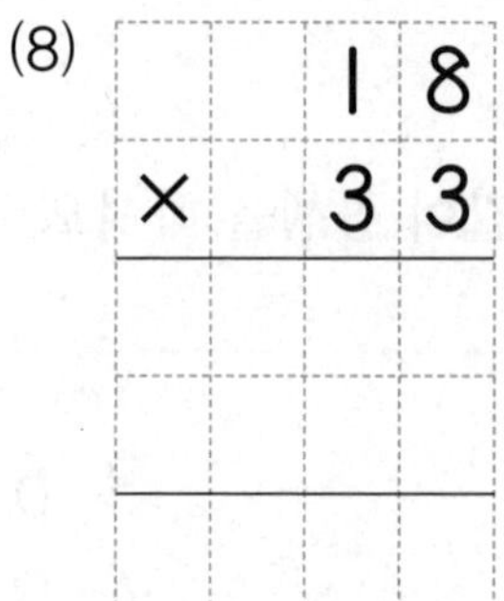

$$\begin{array}{r} 18 \\ \times\ 33 \\ \hline \\ \\ \hline \\ \end{array}$$

(9)

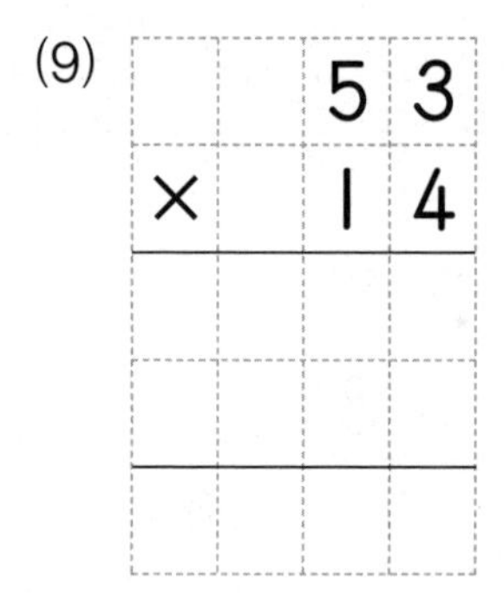

$$\begin{array}{r} 53 \\ \times\ 14 \\ \hline \\ \\ \hline \\ \end{array}$$

(10)

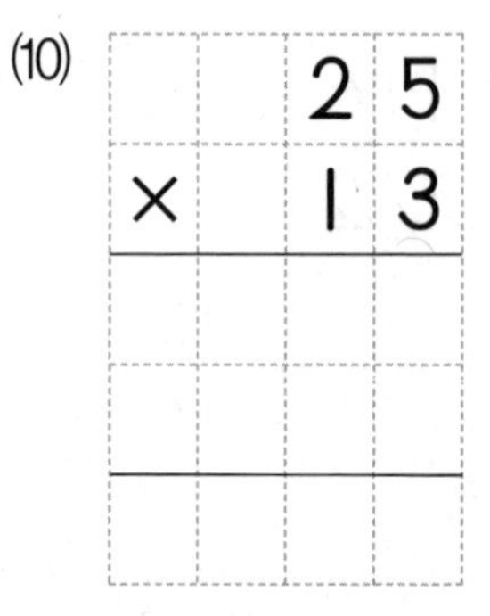

$$\begin{array}{r} 25 \\ \times\ 13 \\ \hline \\ \\ \hline \\ \end{array}$$

● 곱셈을 하시오.

(1)

		2	6
×		1	2

(2)

		1	5
×		1	4

(3)

		3	1
×		5	4

(4)

		3	3
×		1	5

(5)

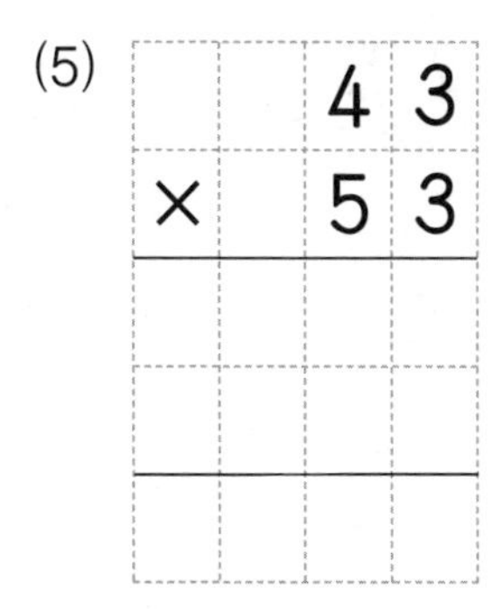

		4	3
×		5	3

(6)

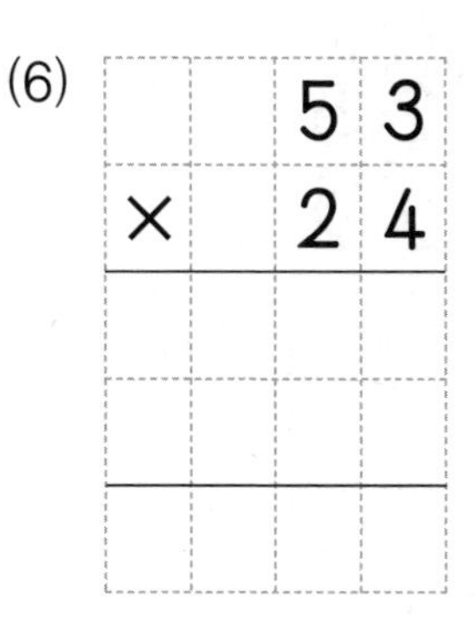

		5	3
×		2	4

(7)

		1	7
×		2	1

(8)

		4	7
×		2	5

(9)

		2	5
×		2	2

(10)

		5	2
×		2	7

(11)

		3	3
×		3	4

(12)

		5	4
×		1	3

● 곱셈을 하시오.

(1)

		1	6
×		2	1

(2)

		2	6
×		2	5

(3)

		4	2
×		3	1

(4)

		3	5
×		1	2

(5)

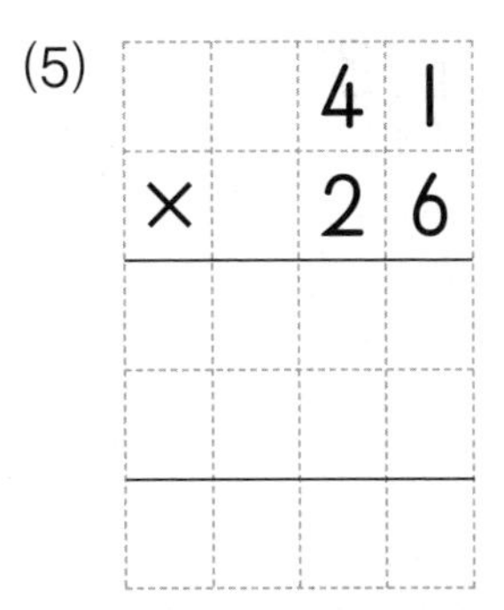

(6)

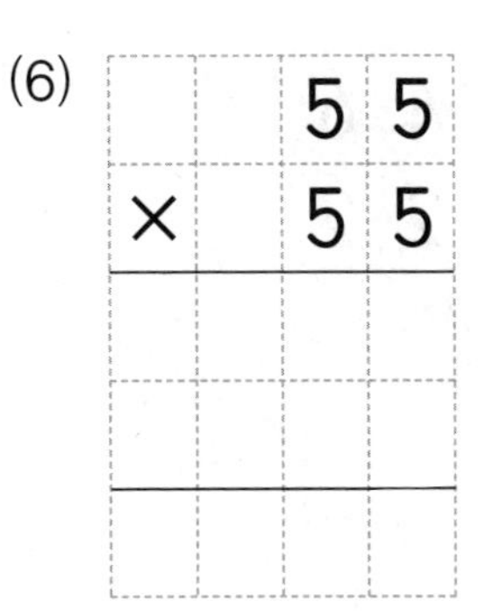

(7)

		1	9
×		1	4

(8)

		4	9
×		1	3

(9)

		4	6
×		2	2

(10)

		3	6
×		2	3

(11)

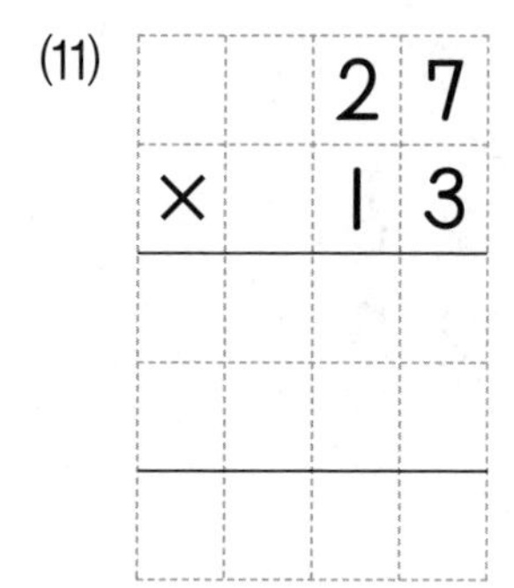

(12)

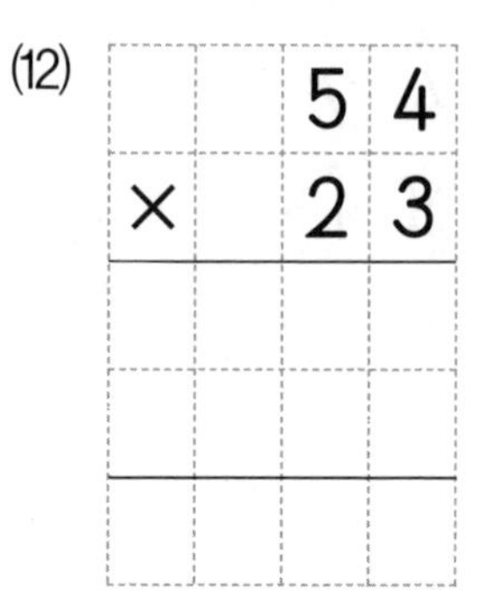

● 곱셈을 하시오.

(1)

$$\begin{array}{r} 35 \\ \times\ 16 \\ \hline \end{array}$$

(2)

$$\begin{array}{r} 18 \\ \times\ 23 \\ \hline \end{array}$$

(3)

$$\begin{array}{r} 51 \\ \times\ 22 \\ \hline \end{array}$$

(4)

$$\begin{array}{r} 25 \\ \times\ 32 \\ \hline \end{array}$$

(5)

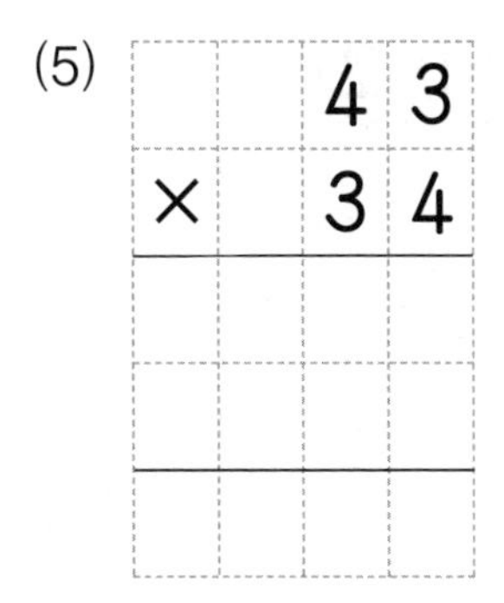

(6)

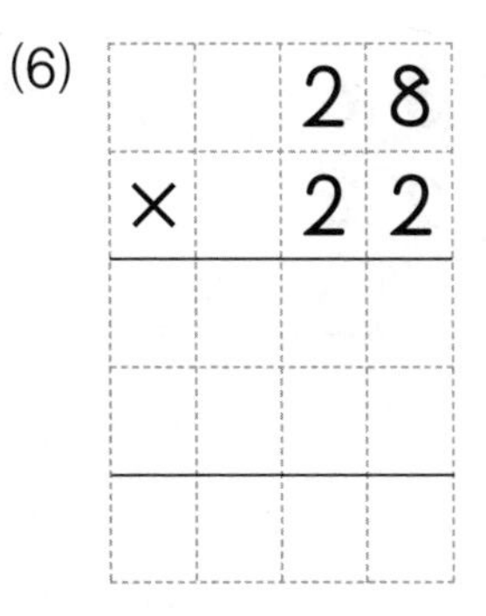

(7)

		2	4
×		2	5

(10)

		1	8
×		1	6

(8)

		3	8
×		1	2

(11)

		4	3
×		1	7

(9)

		3	6
×		2	4

(12)

		5	7
×		1	6

● 곱셈을 하시오.

(1)

		3	4
×		3	3

(2)

		2	3
×		3	5

(3)

		4	5
×		2	3

(4)

		5	2
×		3	2

(5)

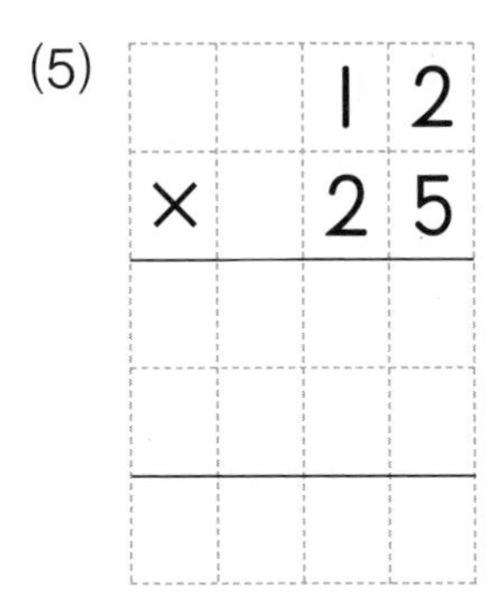

(6)

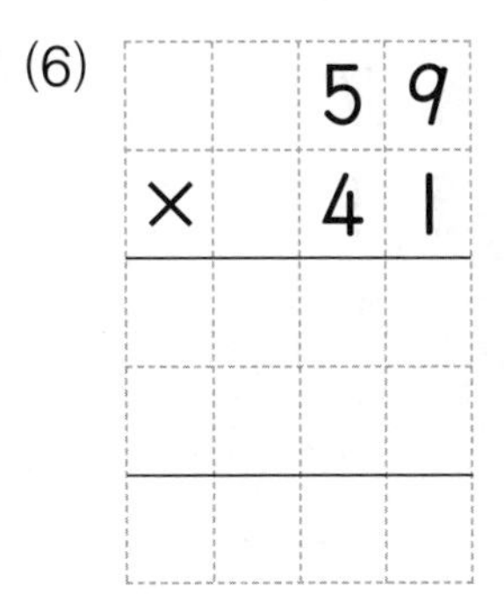

(7)

		3	7
×		4	1

(10)

		4	4
×		4	1

(8)

		2	8
×		3	1

(11)

		4	8
×		2	2

(9)

		1	7
×		3	1

(12)

		5	3
×		4	2

● 곱셈을 하시오.

(1)

		1	6
×		3	2

(2)

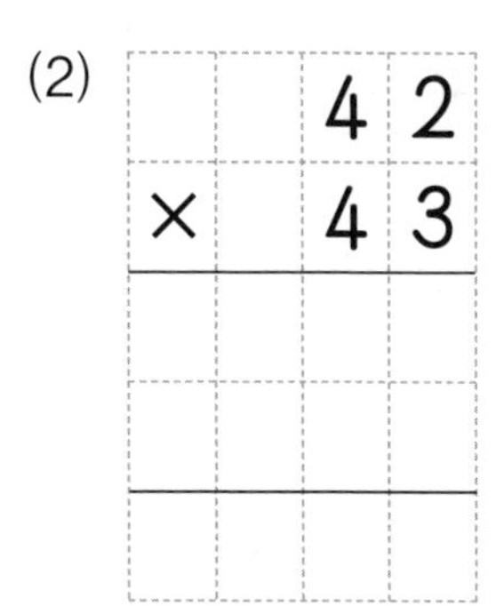

		4	2
×		4	3

(3)

		3	5
×		3	3

(4)

		5	2
×		2	5

(5)

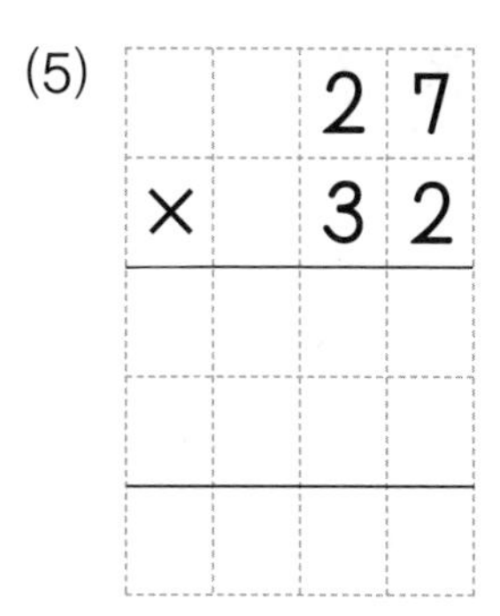

		2	7
×		3	2

(6)

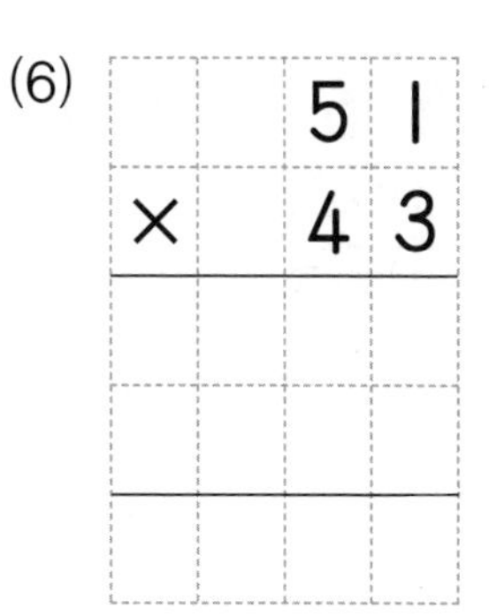

		5	1
×		4	3

(7)

		4	6
×		3	1

(8)

		2	5
×		3	2

(9)

		3	6
×		3	2

(10)

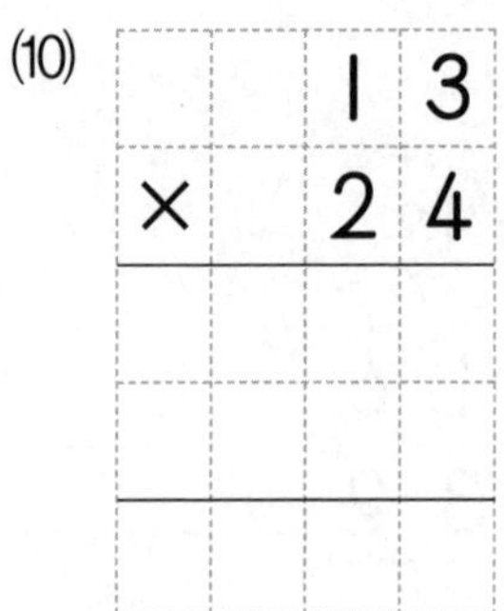

		1	3
×		2	4

(11)

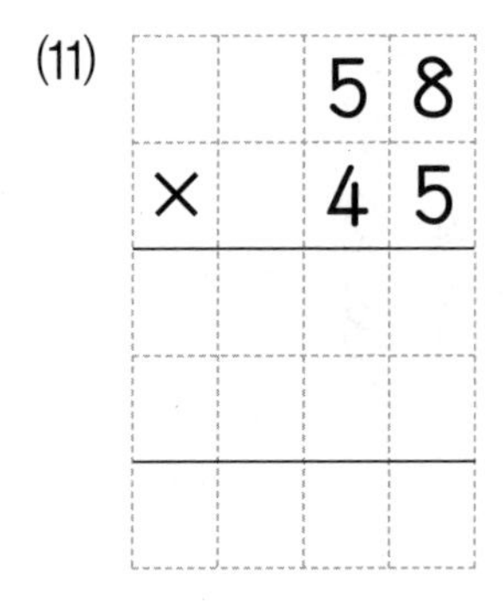

		5	8
×		4	5

(12)

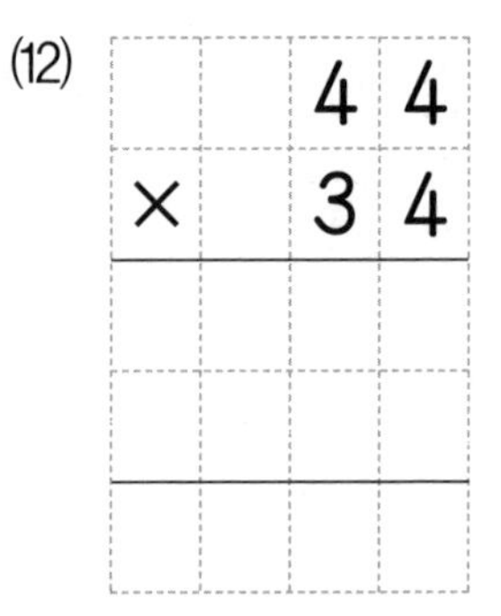

		4	4
×		3	4

● 곱셈을 하시오.

(1)

		3	5
×		4	1

(2)

		5	1
×		3	3

(3)

		4	4
×		2	4

(4)

		2	5
×		4	1

(5)

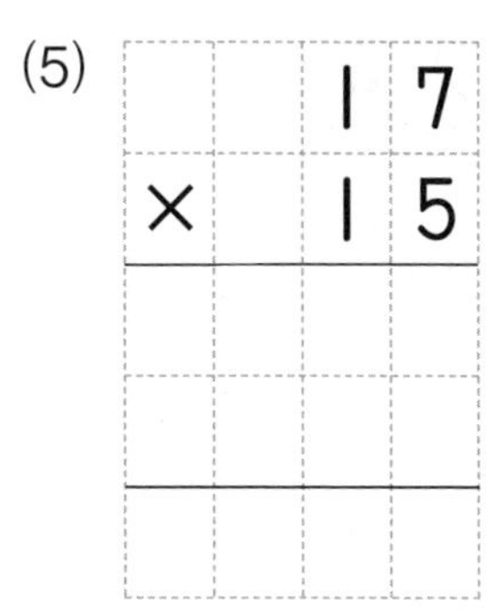

		1	7
×		1	5

(6)

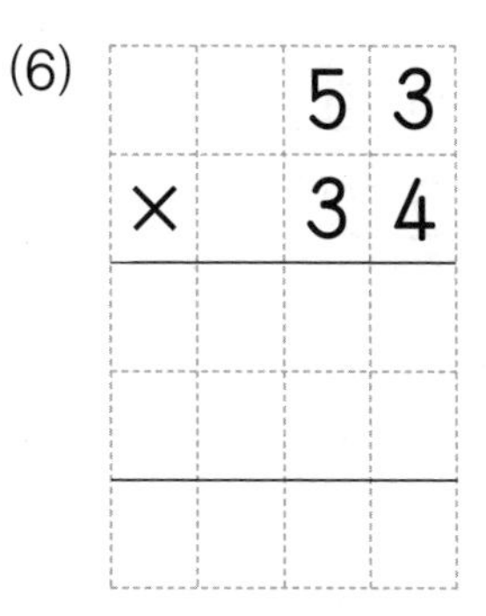

		5	3
×		3	4

(7)

		1	5
×		2	3

(8)

		2	9
×		2	4

(9)

		5	6
×		2	2

(10)

		5	1
×		4	1

(11)

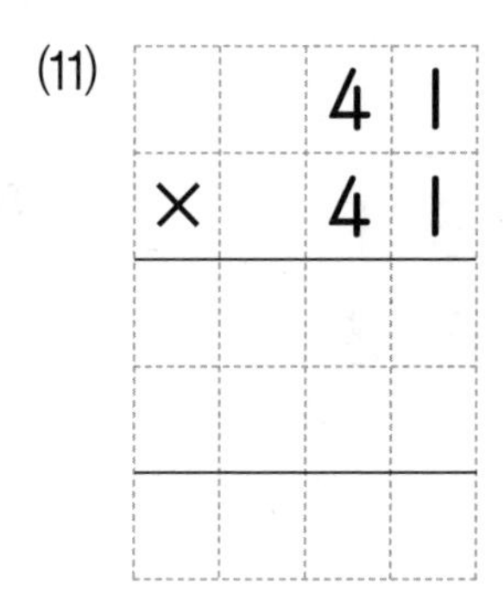

(12)

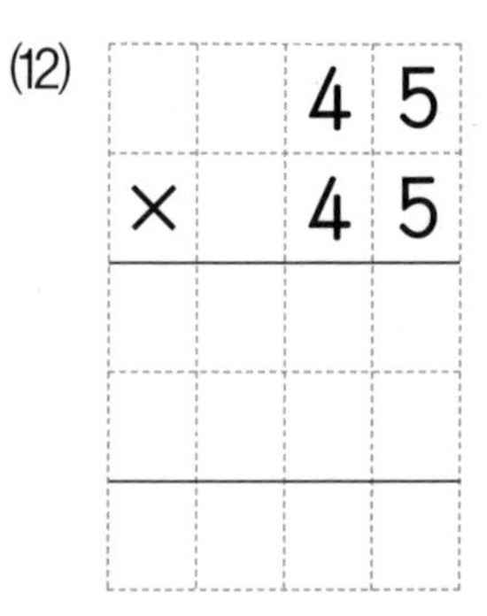

● 곱셈을 하시오.

(1)

		1	4
×		2	4

(2)

		5	5
×		2	2

(3)

		4	2
×		4	1

(4)

		2	4
×		1	4

(5)

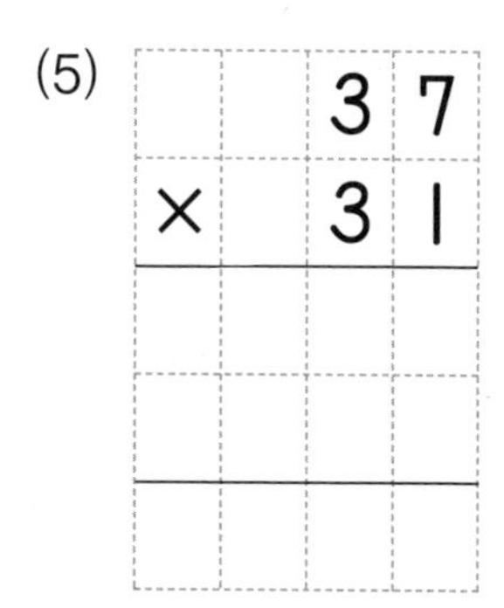

(6)

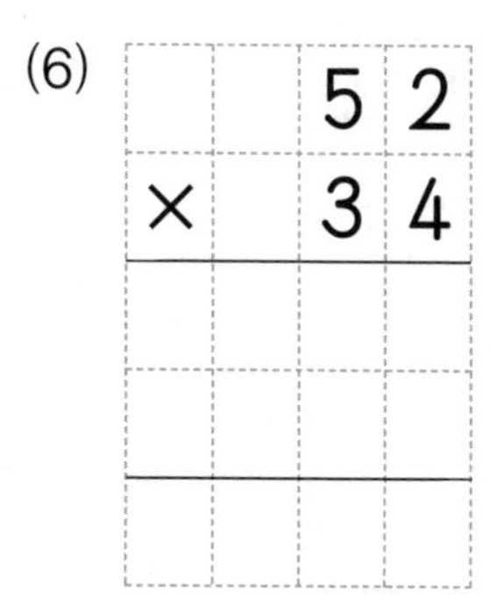

(7)

		5	2
×		4	3

(8)

		2	5
×		1	7

(9)

		5	4
×		1	5

(10)

		1	9
×		2	4

(11)

		3	4
×		3	2

(12)

		4	5
×		3	2

● 곱셈을 하시오.

(1) $\begin{array}{r} 12 \\ \times\ 33 \\ \hline \end{array}$

(2) $\begin{array}{r} 42 \\ \times\ 22 \\ \hline \end{array}$

(3) $\begin{array}{r} 51 \\ \times\ 32 \\ \hline \end{array}$

(4) $\begin{array}{r} 35 \\ \times\ 25 \\ \hline \end{array}$

(5)

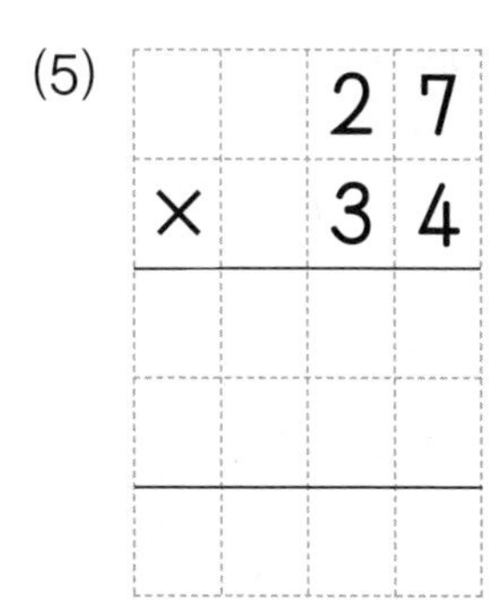

$\begin{array}{r} 27 \\ \times\ 34 \\ \hline \end{array}$

(6)

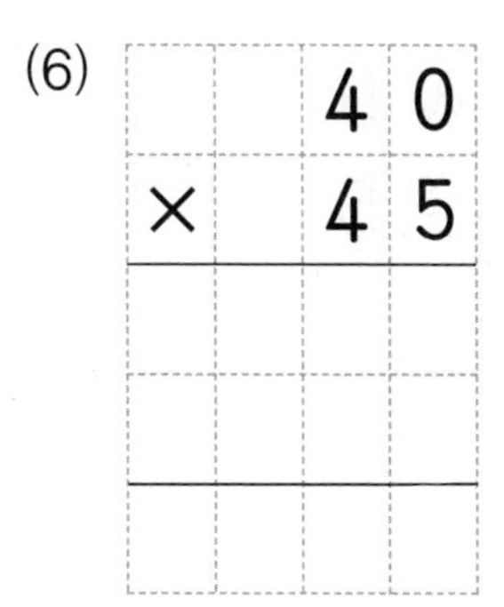

$\begin{array}{r} 40 \\ \times\ 45 \\ \hline \end{array}$

(7)

		2	9
×		3	2

(10)

		1	6
×		2	4

(8)

		5	4
×		4	2

(11)

		3	4
×		2	6

(9)

		4	5
×		3	5

(12)

		3	0
×		2	8

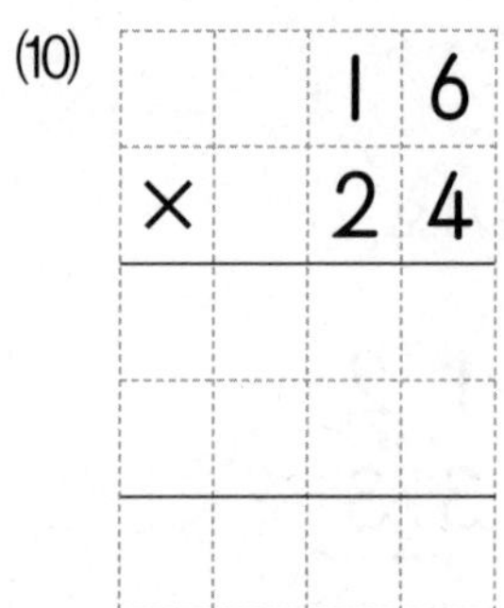

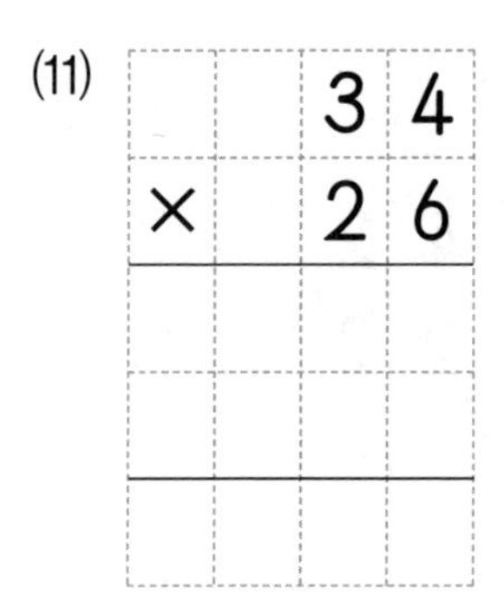

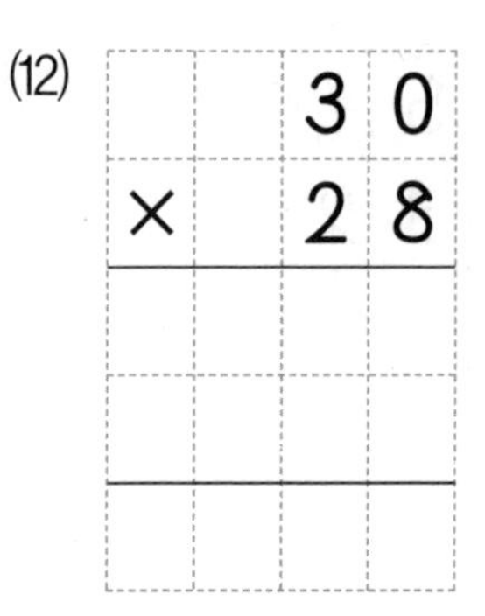

● 곱셈을 하시오.

(1)

$$\begin{array}{r} 31 \\ \times\ 32 \\ \hline \end{array}$$

(2)

$$\begin{array}{r} 21 \\ \times\ 54 \\ \hline \end{array}$$

(3)

$$\begin{array}{r} 50 \\ \times\ 36 \\ \hline \end{array}$$

(4)

$$\begin{array}{r} 16 \\ \times\ 47 \\ \hline \end{array}$$

(5)

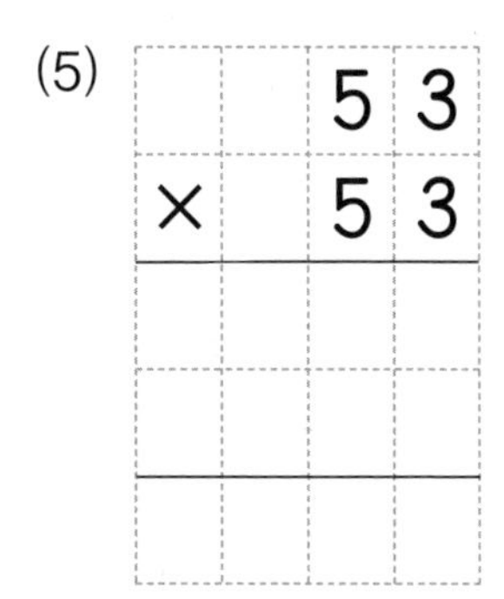

$$\begin{array}{r} 53 \\ \times\ 53 \\ \hline \end{array}$$

(6)

$$\begin{array}{r} 46 \\ \times\ 42 \\ \hline \end{array}$$

(7)

		2	0
×		4	5

(10)

		3	2
×		2	4

(8)

		1	8
×		1	8

(11)

		5	4
×		3	3

(9)

		3	7
×		2	6

(12)

		4	3
×		4	2

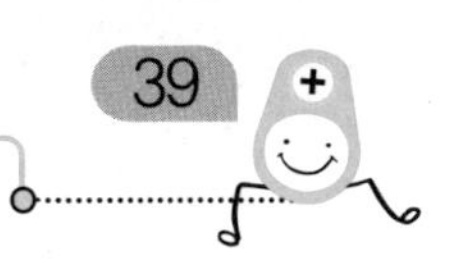

● 곱셈을 하시오.

(1) 19×17

(2) 45×15

(3) 40×44

(4) 38×31

(5)

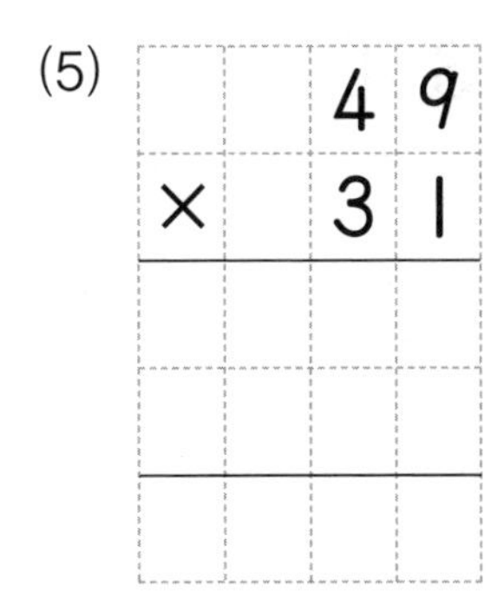

(6)

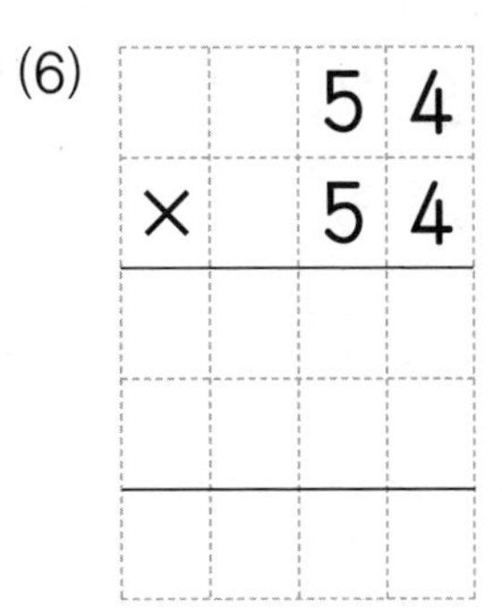

(7)
$$\begin{array}{r} 44 \\ \times \quad 55 \\ \hline \\ \\ \hline \\ \end{array}$$

(8)
$$\begin{array}{r} 55 \\ \times \quad 31 \\ \hline \\ \\ \hline \\ \end{array}$$

(9)
$$\begin{array}{r} 33 \\ \times \quad 45 \\ \hline \\ \\ \hline \\ \end{array}$$

(10)
$$\begin{array}{r} 13 \\ \times \quad 53 \\ \hline \\ \\ \hline \\ \end{array}$$

(11)
$$\begin{array}{r} 26 \\ \times \quad 31 \\ \hline \\ \\ \hline \\ \end{array}$$

(12)
$$\begin{array}{r} 50 \\ \times \quad 48 \\ \hline \\ \\ \hline \\ \end{array}$$

MF단계 1권

(두 자리 수)×(두 자리 수) (2)

요일	교재 번호	학습한 날짜	확인
1일차(월)	01~08	월 일	
2일차(화)	09~16	월 일	
3일차(수)	17~24	월 일	
4일차(목)	25~32	월 일	
5일차(금)	33~40	월 일	

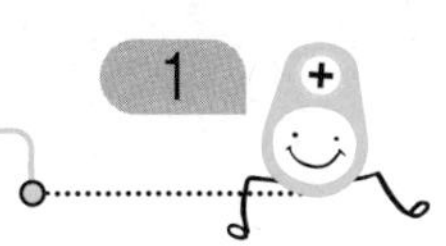

● 곱셈을 하시오.

(1)

		2	2
×		1	2

(2)

		1	3
×		2	1

(3)

		3	5
×		1	3

(4)

		5	1
×		1	8

(5)

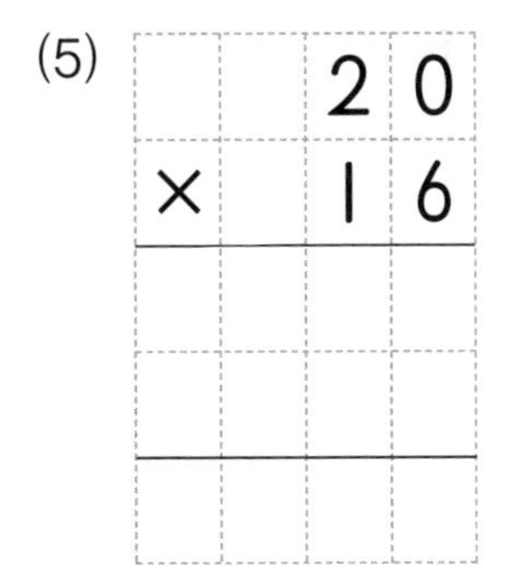

(6)

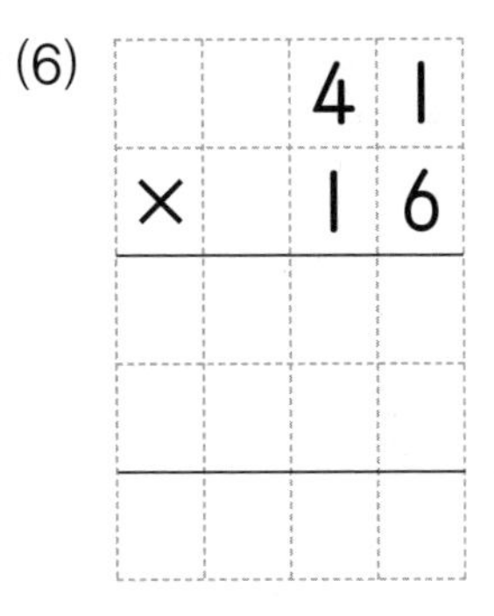

(7)

$$\begin{array}{r} 31 \\ \times\ 24 \\ \hline \end{array}$$

(8)

$$\begin{array}{r} 52 \\ \times\ 12 \\ \hline \end{array}$$

(9)

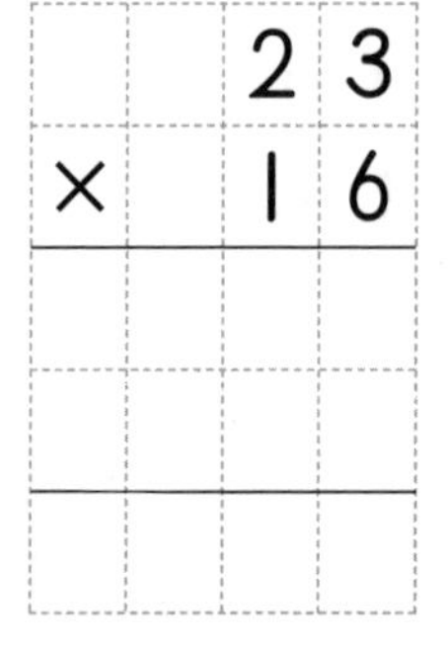

(10)

$$\begin{array}{r} 16 \\ \times\ 14 \\ \hline \end{array}$$

(11)

$$\begin{array}{r} 30 \\ \times\ 17 \\ \hline \end{array}$$

(12)

$$\begin{array}{r} 46 \\ \times\ 24 \\ \hline \end{array}$$

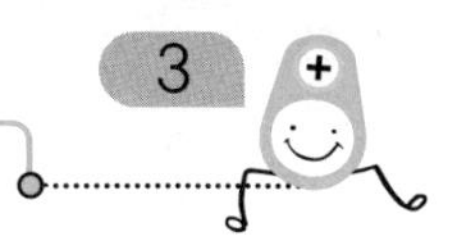

● 곱셈을 하시오.

(1)
$$\begin{array}{r} 12 \\ \times\ 22 \\ \hline 24 \\ 24 \\ \hline \end{array}$$

(4)
$$\begin{array}{r} 21 \\ \times\ 13 \\ \hline \end{array}$$

(2)
$$\begin{array}{r} 32 \\ \times\ 21 \\ \hline \end{array}$$

★(5)
$$\begin{array}{r} 10 \\ \times\ 30 \\ \hline \end{array}$$

(3)
$$\begin{array}{r} 20 \\ \times\ 22 \\ \hline \end{array}$$

(6)
$$\begin{array}{r} 43 \\ \times\ 13 \\ \hline \end{array}$$

Talk
(몇십)×(몇십)의 계산은 (몇)×(몇)을 계산한 다음,
그 곱의 결과에 곱하는 두 수의 0의 개수만큼 0을 씁니다.

$20 \times 40 = 800$ ➡ $\begin{array}{r} 20 \\ \times\ 40 \\ \hline 800 \end{array}$

(7)
$$\begin{array}{r} 21 \\ \times\ 23 \\ \hline \end{array}$$

★(10)
$$\begin{array}{r} 12 \\ \times\ 30 \\ \hline \end{array}$$

(8)
$$\begin{array}{r} 42 \\ \times\ 21 \\ \hline \end{array}$$

(11)
$$\begin{array}{r} 12 \\ \times\ 31 \\ \hline \end{array}$$

(9)
$$\begin{array}{r} 30 \\ \times\ 20 \\ \hline \end{array}$$

(12)
$$\begin{array}{r} 33 \\ \times\ 31 \\ \hline \end{array}$$

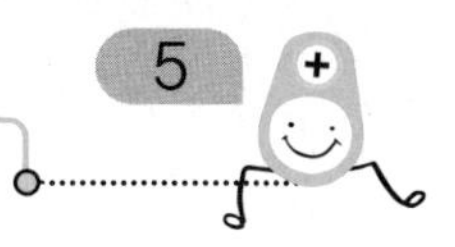

● 곱셈을 하시오.

(1) $\begin{array}{r} 22 \\ \times\ 23 \\ \hline \end{array}$

(4) $\begin{array}{r} 12 \\ \times\ 14 \\ \hline \end{array}$

(2) $\begin{array}{r} 13 \\ \times\ 22 \\ \hline \end{array}$

(5) $\begin{array}{r} 32 \\ \times\ 23 \\ \hline \end{array}$

(3) $\begin{array}{r} 20 \\ \times\ 36 \\ \hline \end{array}$

(6) $\begin{array}{r} 43 \\ \times\ 11 \\ \hline \end{array}$

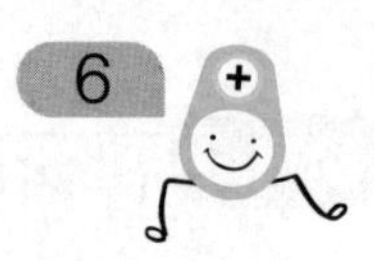

(7) $\begin{array}{r} 30 \\ \times\ 30 \\ \hline \end{array}$

(8) $\begin{array}{r} 23 \\ \times\ 13 \\ \hline \end{array}$

(9) $\begin{array}{r} 44 \\ \times\ 22 \\ \hline \end{array}$

(10) $\begin{array}{r} 11 \\ \times\ 31 \\ \hline \end{array}$

(11) $\begin{array}{r} 42 \\ \times\ 14 \\ \hline \end{array}$

(12) $\begin{array}{r} 33 \\ \times\ 22 \\ \hline \end{array}$

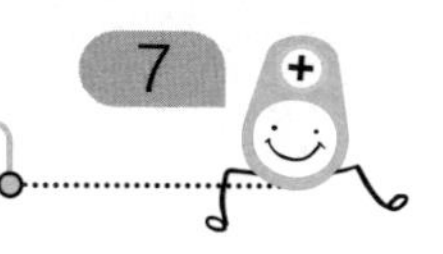

● 곱셈을 하시오.

(1) $\begin{array}{r} 12 \\ \times\ 42 \\ \hline \end{array}$

(4) $\begin{array}{r} 23 \\ \times\ 10 \\ \hline \end{array}$

(2) $\begin{array}{r} 11 \\ \times\ 11 \\ \hline \end{array}$

(5) $\begin{array}{r} 22 \\ \times\ 22 \\ \hline \end{array}$

(3) $\begin{array}{r} 42 \\ \times\ 24 \\ \hline \end{array}$

(6) $\begin{array}{r} 21 \\ \times\ 49 \\ \hline \end{array}$

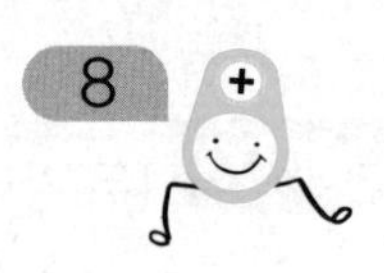

(7)
$$\begin{array}{r} 24 \\ \times\ 12 \\ \hline \end{array}$$

(8)
$$\begin{array}{r} 34 \\ \times\ 12 \\ \hline \end{array}$$

(9)
$$\begin{array}{r} 40 \\ \times\ 20 \\ \hline \end{array}$$

(10)
$$\begin{array}{r} 32 \\ \times\ 13 \\ \hline \end{array}$$

(11)
$$\begin{array}{r} 41 \\ \times\ 28 \\ \hline \end{array}$$

(12)
$$\begin{array}{r} 31 \\ \times\ 31 \\ \hline \end{array}$$

● 곱셈을 하시오.

(1) $\begin{array}{r} 12 \\ \times\ 21 \\ \hline \end{array}$

(2) $\begin{array}{r} 12 \\ \times\ 13 \\ \hline \end{array}$

(3) $\begin{array}{r} 32 \\ \times\ 34 \\ \hline \end{array}$

(4) $\begin{array}{r} 23 \\ \times\ 21 \\ \hline \end{array}$

(5) $\begin{array}{r} 42 \\ \times\ 13 \\ \hline \end{array}$

(6) $\begin{array}{r} 25 \\ \times\ 10 \\ \hline \end{array}$

(7)
$$\begin{array}{r} 31 \\ \times\ 22 \\ \hline \end{array}$$

(8)
$$\begin{array}{r} 41 \\ \times\ 21 \\ \hline \end{array}$$

(9)
$$\begin{array}{r} 30 \\ \times\ 33 \\ \hline \end{array}$$

(10)
$$\begin{array}{r} 11 \\ \times\ 23 \\ \hline \end{array}$$

(11)
$$\begin{array}{r} 22 \\ \times\ 23 \\ \hline \end{array}$$

(12)
$$\begin{array}{r} 44 \\ \times\ 21 \\ \hline \end{array}$$

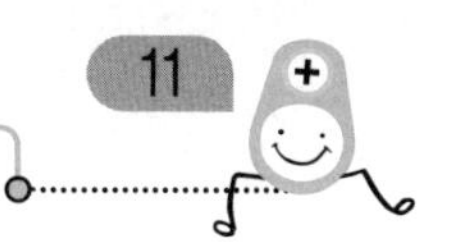

● 곱셈을 하시오.

(1) $\begin{array}{r} 12 \\ \times\ 12 \\ \hline \end{array}$

(4) $\begin{array}{r} 13 \\ \times\ 13 \\ \hline \end{array}$

(2) $\begin{array}{r} 31 \\ \times\ 40 \\ \hline \end{array}$

(5) $\begin{array}{r} 32 \\ \times\ 20 \\ \hline \end{array}$

(3) $\begin{array}{r} 31 \\ \times\ 33 \\ \hline \end{array}$

(6) $\begin{array}{r} 50 \\ \times\ 17 \\ \hline \end{array}$

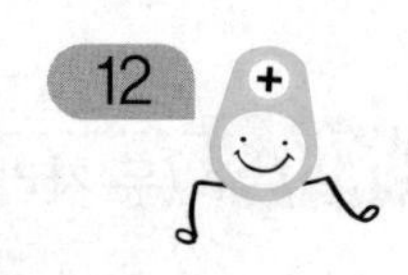

(7)
$$\begin{array}{r} 43 \\ \times\ 20 \\ \hline \end{array}$$

(10)
$$\begin{array}{r} 22 \\ \times\ 31 \\ \hline \end{array}$$

(8)
$$\begin{array}{r} 32 \\ \times\ 11 \\ \hline \end{array}$$

★(11)
$$\begin{array}{r} 50 \\ \times\ 20 \\ \hline \end{array}$$

(9)
$$\begin{array}{r} 30 \\ \times\ 43 \\ \hline \end{array}$$

(12)
$$\begin{array}{r} 52 \\ \times\ 12 \\ \hline \end{array}$$

● 곱셈을 하시오.

(1) $\begin{array}{r} 42 \\ \times\ 23 \\ \hline \end{array}$

(4) $\begin{array}{r} 57 \\ \times\ 11 \\ \hline \end{array}$

(2) $\begin{array}{r} 21 \\ \times\ 21 \\ \hline \end{array}$

(5) $\begin{array}{r} 30 \\ \times\ 25 \\ \hline \end{array}$

(3) $\begin{array}{r} 31 \\ \times\ 13 \\ \hline \end{array}$

(6) $\begin{array}{r} 50 \\ \times\ 24 \\ \hline \end{array}$

(7)
$$\begin{array}{r} 21 \\ \times\ 31 \\ \hline \end{array}$$

(8)
$$\begin{array}{r} 40 \\ \times\ 45 \\ \hline \end{array}$$

(9)
$$\begin{array}{r} 43 \\ \times\ 22 \\ \hline \end{array}$$

(10)
$$\begin{array}{r} 33 \\ \times\ 32 \\ \hline \end{array}$$

(11)
$$\begin{array}{r} 41 \\ \times\ 15 \\ \hline \end{array}$$

(12)
$$\begin{array}{r} 50 \\ \times\ 42 \\ \hline \end{array}$$

● 곱셈을 하시오.

(1)
$$\begin{array}{r} 21 \\ \times\ 25 \\ \hline \end{array}$$

(4)
$$\begin{array}{r} 53 \\ \times\ 33 \\ \hline \end{array}$$

(2)
$$\begin{array}{r} 34 \\ \times\ 20 \\ \hline \end{array}$$

(5)
$$\begin{array}{r} 50 \\ \times\ 26 \\ \hline \end{array}$$

(3)
$$\begin{array}{r} 24 \\ \times\ 11 \\ \hline \end{array}$$

(6)
$$\begin{array}{r} 40 \\ \times\ 36 \\ \hline \end{array}$$

(7)
$$\begin{array}{r} 44 \\ \times\ 20 \\ \hline \end{array}$$

(10)
$$\begin{array}{r} 21 \\ \times\ 57 \\ \hline \end{array}$$

(8)
$$\begin{array}{r} 33 \\ \times\ 11 \\ \hline \end{array}$$

(11)
$$\begin{array}{r} 30 \\ \times\ 39 \\ \hline \end{array}$$

(9)
$$\begin{array}{r} 50 \\ \times\ 41 \\ \hline \end{array}$$

(12)
$$\begin{array}{r} 53 \\ \times\ 30 \\ \hline \end{array}$$

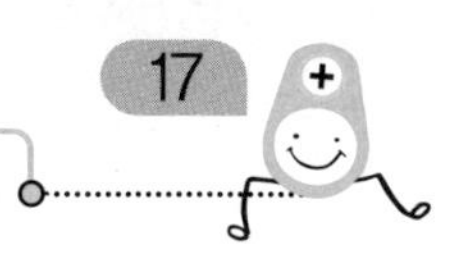

● 곱셈을 하시오.

(1)
$$\begin{array}{r} 21 \\ \times\ 33 \\ \hline \end{array}$$

(2)
$$\begin{array}{r} 50 \\ \times\ 28 \\ \hline \end{array}$$

(3)
$$\begin{array}{r} 41 \\ \times\ 12 \\ \hline \end{array}$$

(4)
$$\begin{array}{r} 32 \\ \times\ 14 \\ \hline \end{array}$$

(5)
$$\begin{array}{r} 23 \\ \times\ 32 \\ \hline \end{array}$$

(6)
$$\begin{array}{r} 30 \\ \times\ 23 \\ \hline \end{array}$$

(7)
$$\begin{array}{r} 22 \\ \times\ 34 \\ \hline \end{array}$$

(8)
$$\begin{array}{r} 34 \\ \times\ 12 \\ \hline \end{array}$$

(9)
$$\begin{array}{r} 50 \\ \times\ 37 \\ \hline \end{array}$$

(10)
$$\begin{array}{r} 41 \\ \times\ 22 \\ \hline \end{array}$$

(11)
$$\begin{array}{r} 51 \\ \times\ 18 \\ \hline \end{array}$$

(12)
$$\begin{array}{r} 44 \\ \times\ 10 \\ \hline \end{array}$$

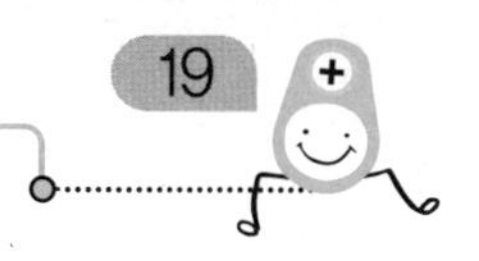

● 곱셈을 하시오.

(1) $\begin{array}{r} 32 \\ \times\ 22 \\ \hline \end{array}$

(4) $\begin{array}{r} 43 \\ \times\ 21 \\ \hline \end{array}$

(2) $\begin{array}{r} 44 \\ \times\ 12 \\ \hline \end{array}$

(5) $\begin{array}{r} 51 \\ \times\ 60 \\ \hline \end{array}$

(3) $\begin{array}{r} 60 \\ \times\ 13 \\ \hline \end{array}$

(6) $\begin{array}{r} 50 \\ \times\ 12 \\ \hline \end{array}$

(7)
$$\begin{array}{r} 32 \\ \times\ 30 \\ \hline \end{array}$$

(8)
$$\begin{array}{r} 50 \\ \times\ 22 \\ \hline \end{array}$$

(9)
$$\begin{array}{r} 33 \\ \times\ 13 \\ \hline \end{array}$$

(10)
$$\begin{array}{r} 43 \\ \times\ 23 \\ \hline \end{array}$$

(11)
$$\begin{array}{r} 60 \\ \times\ 25 \\ \hline \end{array}$$

(12)
$$\begin{array}{r} 52 \\ \times\ 34 \\ \hline \end{array}$$

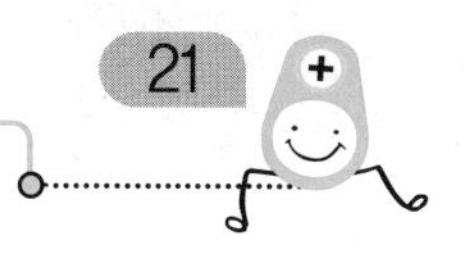

● 곱셈을 하시오.

(1)
$$\begin{array}{r} 31 \\ \times\ 11 \\ \hline \end{array}$$

(4)
$$\begin{array}{r} 42 \\ \times\ 17 \\ \hline \end{array}$$

(2)
$$\begin{array}{r} 50 \\ \times\ 13 \\ \hline \end{array}$$

(5)
$$\begin{array}{r} 31 \\ \times\ 38 \\ \hline \end{array}$$

(3)
$$\begin{array}{r} 60 \\ \times\ 22 \\ \hline \end{array}$$

(6)
$$\begin{array}{r} 51 \\ \times\ 26 \\ \hline \end{array}$$

(7)
$$\begin{array}{r} 50 \\ \times\ 45 \\ \hline \end{array}$$

(10)
$$\begin{array}{r} 51 \\ \times\ 23 \\ \hline \end{array}$$

(8)
$$\begin{array}{r} 43 \\ \times\ 12 \\ \hline \end{array}$$

(11)
$$\begin{array}{r} 60 \\ \times\ 15 \\ \hline \end{array}$$

(9)
$$\begin{array}{r} 61 \\ \times\ 37 \\ \hline \end{array}$$

(12)
$$\begin{array}{r} 42 \\ \times\ 40 \\ \hline \end{array}$$

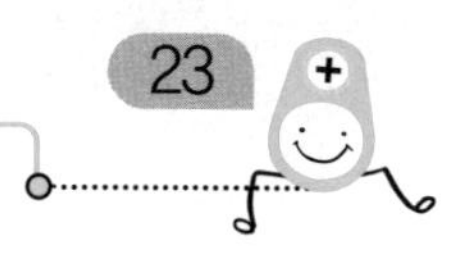

● 곱셈을 하시오.

(1)
$$\begin{array}{r} 52 \\ \times\ 20 \\ \hline \end{array}$$

(4)
$$\begin{array}{r} 32 \\ \times\ 41 \\ \hline \end{array}$$

(2)
$$\begin{array}{r} 60 \\ \times\ 43 \\ \hline \end{array}$$

(5)
$$\begin{array}{r} 51 \\ \times\ 47 \\ \hline \end{array}$$

(3)
$$\begin{array}{r} 40 \\ \times\ 29 \\ \hline \end{array}$$

(6)
$$\begin{array}{r} 41 \\ \times\ 60 \\ \hline \end{array}$$

(7)
$$\begin{array}{r} 33 \\ \times\ 21 \\ \hline \end{array}$$

(10)
$$\begin{array}{r} 44 \\ \times\ 30 \\ \hline \end{array}$$

(8)
$$\begin{array}{r} 60 \\ \times\ 35 \\ \hline \end{array}$$

(11)
$$\begin{array}{r} 54 \\ \times\ 12 \\ \hline \end{array}$$

(9)
$$\begin{array}{r} 30 \\ \times\ 38 \\ \hline \end{array}$$

(12)
$$\begin{array}{r} 61 \\ \times\ 44 \\ \hline \end{array}$$

● 곱셈을 하시오.

(1) $\begin{array}{r} 33 \\ \times\ 30 \\ \hline \end{array}$

(4) $\begin{array}{r} 51 \\ \times\ 36 \\ \hline \end{array}$

(2) $\begin{array}{r} 40 \\ \times\ 42 \\ \hline \end{array}$

(5) $\begin{array}{r} 31 \\ \times\ 12 \\ \hline \end{array}$

(3) $\begin{array}{r} 43 \\ \times\ 12 \\ \hline \end{array}$

(6) $\begin{array}{r} 60 \\ \times\ 53 \\ \hline \end{array}$

(7)
$$\begin{array}{r} 44 \\ \times\ 10 \\ \hline \end{array}$$

(8)
$$\begin{array}{r} 42 \\ \times\ 20 \\ \hline \end{array}$$

(9)
$$\begin{array}{r} 60 \\ \times\ 34 \\ \hline \end{array}$$

(10)
$$\begin{array}{r} 33 \\ \times\ 23 \\ \hline \end{array}$$

(11)
$$\begin{array}{r} 52 \\ \times\ 42 \\ \hline \end{array}$$

(12)
$$\begin{array}{r} 63 \\ \times\ 32 \\ \hline \end{array}$$

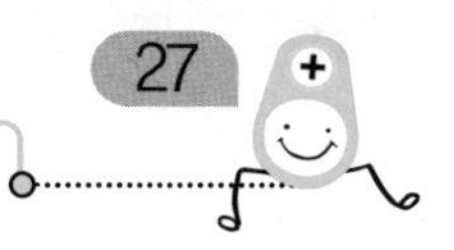

● 곱셈을 하시오.

(1) $\begin{array}{r} 14 \\ \times\ 13 \\ \hline \end{array}$

(2) $\begin{array}{r} 13 \\ \times\ 25 \\ \hline \end{array}$

(3) $\begin{array}{r} 24 \\ \times\ 23 \\ \hline \end{array}$

(4) $\begin{array}{r} 25 \\ \times\ 21 \\ \hline \end{array}$

(5) $\begin{array}{r} 31 \\ \times\ 34 \\ \hline \end{array}$

(6) $\begin{array}{r} 22 \\ \times\ 15 \\ \hline \end{array}$

(7)
$$\begin{array}{r} 22 \\ \times\ 44 \\ \hline \end{array}$$

(8)
$$\begin{array}{r} 35 \\ \times\ 31 \\ \hline \end{array}$$

(9)
$$\begin{array}{r} 25 \\ \times\ 13 \\ \hline \end{array}$$

(10)
$$\begin{array}{r} 16 \\ \times\ 34 \\ \hline \end{array}$$

(11)
$$\begin{array}{r} 15 \\ \times\ 22 \\ \hline \end{array}$$

(12)
$$\begin{array}{r} 33 \\ \times\ 14 \\ \hline \end{array}$$

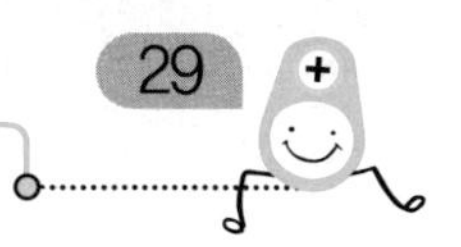

● 곱셈을 하시오.

(1) $\begin{array}{r} 14 \\ \times\ 23 \\ \hline \end{array}$

(4) $\begin{array}{r} 26 \\ \times\ 13 \\ \hline \end{array}$

(2) $\begin{array}{r} 35 \\ \times\ 21 \\ \hline \end{array}$

(5) $\begin{array}{r} 26 \\ \times\ 32 \\ \hline \end{array}$

(3) $\begin{array}{r} 17 \\ \times\ 14 \\ \hline \end{array}$

(6) $\begin{array}{r} 34 \\ \times\ 24 \\ \hline \end{array}$

(7)
$$\begin{array}{r} 35 \\ \times\ 15 \\ \hline \end{array}$$

(10)
$$\begin{array}{r} 14 \\ \times\ 31 \\ \hline \end{array}$$

(8)
$$\begin{array}{r} 18 \\ \times\ 35 \\ \hline \end{array}$$

(11)
$$\begin{array}{r} 24 \\ \times\ 24 \\ \hline \end{array}$$

(9)
$$\begin{array}{r} 29 \\ \times\ 21 \\ \hline \end{array}$$

(12)
$$\begin{array}{r} 37 \\ \times\ 12 \\ \hline \end{array}$$

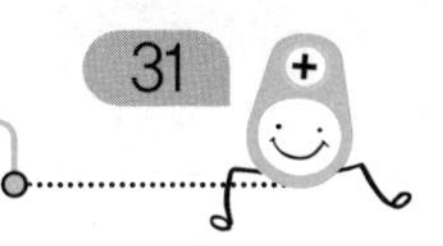

● 곱셈을 하시오.

(1)
$$\begin{array}{r} 14 \\ \times\ 14 \\ \hline \end{array}$$

(4)
$$\begin{array}{r} 17 \\ \times\ 17 \\ \hline \end{array}$$

(2)
$$\begin{array}{r} 15 \\ \times\ 15 \\ \hline \end{array}$$

(5)
$$\begin{array}{r} 18 \\ \times\ 18 \\ \hline \end{array}$$

(3)
$$\begin{array}{r} 16 \\ \times\ 16 \\ \hline \end{array}$$

(6)
$$\begin{array}{r} 19 \\ \times\ 19 \\ \hline \end{array}$$

(7)
$$\begin{array}{r} 15 \\ \times\ 31 \\ \hline \end{array}$$

(8)
$$\begin{array}{r} 17 \\ \times\ 12 \\ \hline \end{array}$$

(9)
$$\begin{array}{r} 36 \\ \times\ 21 \\ \hline \end{array}$$

(10)
$$\begin{array}{r} 25 \\ \times\ 25 \\ \hline \end{array}$$

(11)
$$\begin{array}{r} 34 \\ \times\ 31 \\ \hline \end{array}$$

(12)
$$\begin{array}{r} 24 \\ \times\ 33 \\ \hline \end{array}$$

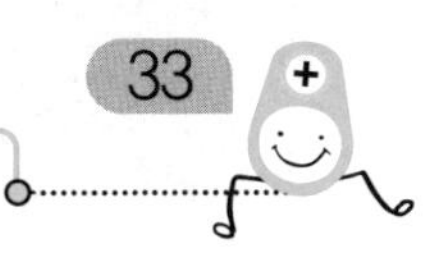

● 곱셈을 하시오.

(1)
$$\begin{array}{r} 25 \\ \times\ 12 \\ \hline \end{array}$$

(2)
$$\begin{array}{r} 27 \\ \times\ 22 \\ \hline \end{array}$$

(3)
$$\begin{array}{r} 16 \\ \times\ 34 \\ \hline \end{array}$$

(4)
$$\begin{array}{r} 16 \\ \times\ 15 \\ \hline \end{array}$$

(5)
$$\begin{array}{r} 28 \\ \times\ 16 \\ \hline \end{array}$$

(6)
$$\begin{array}{r} 38 \\ \times\ 23 \\ \hline \end{array}$$

(7)
$$\begin{array}{r} 34 \\ \times\ 15 \\ \hline \end{array}$$

(8)
$$\begin{array}{r} 18 \\ \times\ 21 \\ \hline \end{array}$$

(9)
$$\begin{array}{r} 27 \\ \times\ 13 \\ \hline \end{array}$$

(10)
$$\begin{array}{r} 18 \\ \times\ 17 \\ \hline \end{array}$$

(11)
$$\begin{array}{r} 21 \\ \times\ 35 \\ \hline \end{array}$$

(12)
$$\begin{array}{r} 34 \\ \times\ 22 \\ \hline \end{array}$$

● 곱셈을 하시오.

(1)
$$\begin{array}{r} 36 \\ \times\ 14 \\ \hline \end{array}$$

(2)
$$\begin{array}{r} 54 \\ \times\ 32 \\ \hline \end{array}$$

(3)
$$\begin{array}{r} 45 \\ \times\ 22 \\ \hline \end{array}$$

(4)
$$\begin{array}{r} 44 \\ \times\ 46 \\ \hline \end{array}$$

(5)
$$\begin{array}{r} 35 \\ \times\ 47 \\ \hline \end{array}$$

(6)
$$\begin{array}{r} 62 \\ \times\ 25 \\ \hline \end{array}$$

(7)
$$\begin{array}{r} 52 \\ \times\ 31 \\ \hline \end{array}$$

(8)
$$\begin{array}{r} 64 \\ \times\ 25 \\ \hline \end{array}$$

(9)
$$\begin{array}{r} 62 \\ \times\ 32 \\ \hline \end{array}$$

(10)
$$\begin{array}{r} 36 \\ \times\ 53 \\ \hline \end{array}$$

(11)
$$\begin{array}{r} 45 \\ \times\ 33 \\ \hline \end{array}$$

(12)
$$\begin{array}{r} 55 \\ \times\ 52 \\ \hline \end{array}$$

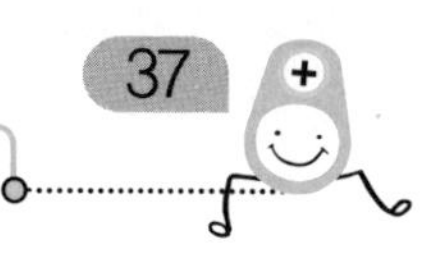

● 곱셈을 하시오.

(1)
$$\begin{array}{r} 53 \\ \times\ 23 \\ \hline \end{array}$$

(2)
$$\begin{array}{r} 44 \\ \times\ 31 \\ \hline \end{array}$$

(3)
$$\begin{array}{r} 64 \\ \times\ 34 \\ \hline \end{array}$$

(4)
$$\begin{array}{r} 32 \\ \times\ 52 \\ \hline \end{array}$$

(5)
$$\begin{array}{r} 36 \\ \times\ 47 \\ \hline \end{array}$$

(6)
$$\begin{array}{r} 57 \\ \times\ 35 \\ \hline \end{array}$$

(7)
$$\begin{array}{r} 45 \\ \times\ 16 \\ \hline \end{array}$$

(8)
$$\begin{array}{r} 35 \\ \times\ 28 \\ \hline \end{array}$$

(9)
$$\begin{array}{r} 55 \\ \times\ 34 \\ \hline \end{array}$$

(10)
$$\begin{array}{r} 65 \\ \times\ 43 \\ \hline \end{array}$$

(11)
$$\begin{array}{r} 43 \\ \times\ 42 \\ \hline \end{array}$$

(12)
$$\begin{array}{r} 64 \\ \times\ 53 \\ \hline \end{array}$$

● 곱셈을 하시오.

(1)
$$\begin{array}{r} 63 \\ \times\ 22 \\ \hline \end{array}$$

(2)
$$\begin{array}{r} 55 \\ \times\ 44 \\ \hline \end{array}$$

(3)
$$\begin{array}{r} 62 \\ \times\ 15 \\ \hline \end{array}$$

(4)
$$\begin{array}{r} 34 \\ \times\ 44 \\ \hline \end{array}$$

(5)
$$\begin{array}{r} 48 \\ \times\ 33 \\ \hline \end{array}$$

(6)
$$\begin{array}{r} 37 \\ \times\ 37 \\ \hline \end{array}$$

(7)
$$\begin{array}{r} 55 \\ \times\ 55 \\ \hline \end{array}$$

(8)
$$\begin{array}{r} 42 \\ \times\ 36 \\ \hline \end{array}$$

(9)
$$\begin{array}{r} 54 \\ \times\ 23 \\ \hline \end{array}$$

(10)
$$\begin{array}{r} 37 \\ \times\ 52 \\ \hline \end{array}$$

(11)
$$\begin{array}{r} 63 \\ \times\ 27 \\ \hline \end{array}$$

(12)
$$\begin{array}{r} 42 \\ \times\ 58 \\ \hline \end{array}$$

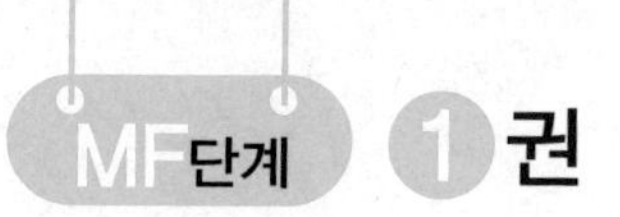

(두 자리 수)×(두 자리 수) (3)

요일	교재 번호	학습한 날짜	확인
1일차(월)	01~08	월 일	
2일차(화)	09~16	월 일	
3일차(수)	17~24	월 일	
4일차(목)	25~32	월 일	
5일차(금)	33~40	월 일	

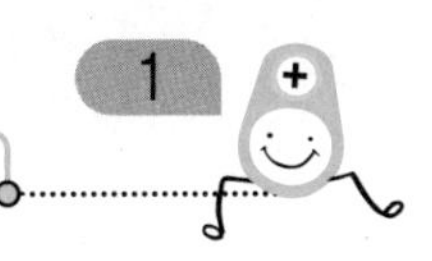

● 곱셈을 하시오.

(1)
$$\begin{array}{r} 13 \\ \times\ 13 \\ \hline \end{array}$$

(4)
$$\begin{array}{r} 32 \\ \times\ 34 \\ \hline \end{array}$$

(2)
$$\begin{array}{r} 24 \\ \times\ 12 \\ \hline \end{array}$$

(5)
$$\begin{array}{r} 48 \\ \times\ 41 \\ \hline \end{array}$$

(3)
$$\begin{array}{r} 34 \\ \times\ 25 \\ \hline \end{array}$$

(6)
$$\begin{array}{r} 50 \\ \times\ 27 \\ \hline \end{array}$$

(7)
$$\begin{array}{r} 35 \\ \times\ 42 \\ \hline \end{array}$$

(8)
$$\begin{array}{r} 61 \\ \times\ 54 \\ \hline \end{array}$$

(9)
$$\begin{array}{r} 57 \\ \times\ 42 \\ \hline \end{array}$$

(10)
$$\begin{array}{r} 43 \\ \times\ 22 \\ \hline \end{array}$$

(11)
$$\begin{array}{r} 58 \\ \times\ 32 \\ \hline \end{array}$$

(12)
$$\begin{array}{r} 68 \\ \times\ 33 \\ \hline \end{array}$$

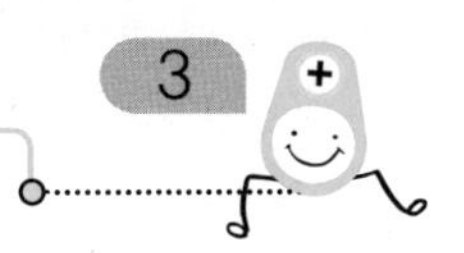

● 곱셈을 하시오.

(1)
$$\begin{array}{r} 41 \\ \times\ 24 \\ \hline \end{array}$$

(2)
$$\begin{array}{r} 42 \\ \times\ 32 \\ \hline \end{array}$$

(3)
$$\begin{array}{r} 54 \\ \times\ 32 \\ \hline \end{array}$$

(4)
$$\begin{array}{r} 63 \\ \times\ 51 \\ \hline \end{array}$$

(5)
$$\begin{array}{r} 53 \\ \times\ 45 \\ \hline \end{array}$$

(6)
$$\begin{array}{r} 72 \\ \times\ 53 \\ \hline \end{array}$$

(7)
$$\begin{array}{r} 46 \\ \times\ 22 \\ \hline \end{array}$$

(8)
$$\begin{array}{r} 54 \\ \times\ 13 \\ \hline \end{array}$$

(9)
$$\begin{array}{r} 63 \\ \times\ 23 \\ \hline \end{array}$$

(10)
$$\begin{array}{r} 65 \\ \times\ 62 \\ \hline \end{array}$$

(11)
$$\begin{array}{r} 71 \\ \times\ 52 \\ \hline \end{array}$$

(12)
$$\begin{array}{r} 72 \\ \times\ 38 \\ \hline \end{array}$$

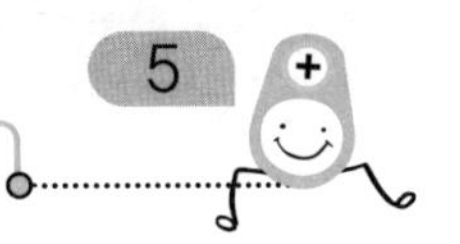

● 곱셈을 하시오.

(1)
$$\begin{array}{r} 44 \\ \times\ 31 \\ \hline \end{array}$$

(4)
$$\begin{array}{r} 65 \\ \times\ 53 \\ \hline \end{array}$$

(2)
$$\begin{array}{r} 45 \\ \times\ 26 \\ \hline \end{array}$$

(5)
$$\begin{array}{r} 64 \\ \times\ 14 \\ \hline \end{array}$$

(3)
$$\begin{array}{r} 58 \\ \times\ 69 \\ \hline \end{array}$$

(6)
$$\begin{array}{r} 72 \\ \times\ 43 \\ \hline \end{array}$$

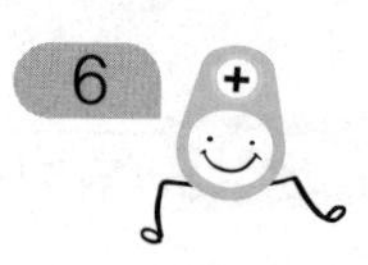

(7)
$$\begin{array}{r} 41 \\ \times\ 49 \\ \hline \end{array}$$

(10)
$$\begin{array}{r} 53 \\ \times\ 53 \\ \hline \end{array}$$

(8)
$$\begin{array}{r} 52 \\ \times\ 34 \\ \hline \end{array}$$

(11)
$$\begin{array}{r} 72 \\ \times\ 65 \\ \hline \end{array}$$

(9)
$$\begin{array}{r} 69 \\ \times\ 29 \\ \hline \end{array}$$

(12)
$$\begin{array}{r} 75 \\ \times\ 36 \\ \hline \end{array}$$

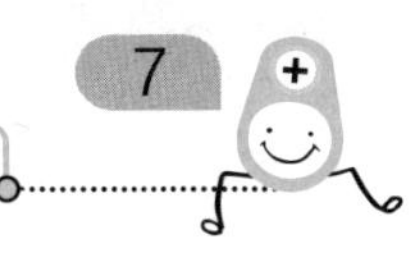

● 곱셈을 하시오.

(1) $\begin{array}{r} 43 \\ \times\ 34 \\ \hline \end{array}$

(2) $\begin{array}{r} 56 \\ \times\ 13 \\ \hline \end{array}$

(3) $\begin{array}{r} 64 \\ \times\ 42 \\ \hline \end{array}$

(4) $\begin{array}{r} 45 \\ \times\ 63 \\ \hline \end{array}$

(5) $\begin{array}{r} 73 \\ \times\ 24 \\ \hline \end{array}$

(6) $\begin{array}{r} 75 \\ \times\ 56 \\ \hline \end{array}$

(7) $\begin{array}{r} 47 \\ \times\ 73 \\ \hline \end{array}$

(8) $\begin{array}{r} 54 \\ \times\ 62 \\ \hline \end{array}$

(9) $\begin{array}{r} 62 \\ \times\ 47 \\ \hline \end{array}$

(10) $\begin{array}{r} 55 \\ \times\ 61 \\ \hline \end{array}$

(11) $\begin{array}{r} 64 \\ \times\ 56 \\ \hline \end{array}$

(12) $\begin{array}{r} 73 \\ \times\ 34 \\ \hline \end{array}$

● 곱셈을 하시오.

(1) $\begin{array}{r} 47 \\ \times\ 23 \\ \hline \end{array}$

(4) $\begin{array}{r} 64 \\ \times\ 52 \\ \hline \end{array}$

(2) $\begin{array}{r} 56 \\ \times\ 34 \\ \hline \end{array}$

(5) $\begin{array}{r} 71 \\ \times\ 63 \\ \hline \end{array}$

(3) $\begin{array}{r} 55 \\ \times\ 53 \\ \hline \end{array}$

(6) $\begin{array}{r} 73 \\ \times\ 42 \\ \hline \end{array}$

(7) $\begin{array}{r} 42 \\ \times\ 24 \\ \hline \end{array}$

(8) $\begin{array}{r} 56 \\ \times\ 42 \\ \hline \end{array}$

(9) $\begin{array}{r} 65 \\ \times\ 61 \\ \hline \end{array}$

(10) $\begin{array}{r} 63 \\ \times\ 54 \\ \hline \end{array}$

(11) $\begin{array}{r} 75 \\ \times\ 32 \\ \hline \end{array}$

(12) $\begin{array}{r} 74 \\ \times\ 53 \\ \hline \end{array}$

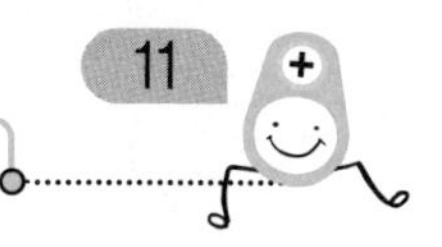

● 곱셈을 하시오.

(1)
$$\begin{array}{r} 63 \\ \times\ 34 \\ \hline \end{array}$$

(4)
$$\begin{array}{r} 64 \\ \times\ 82 \\ \hline \end{array}$$

(2)
$$\begin{array}{r} 73 \\ \times\ 47 \\ \hline \end{array}$$

(5)
$$\begin{array}{r} 73 \\ \times\ 65 \\ \hline \end{array}$$

(3)
$$\begin{array}{r} 81 \\ \times\ 15 \\ \hline \end{array}$$

(6)
$$\begin{array}{r} 92 \\ \times\ 22 \\ \hline \end{array}$$

(7)
$$\begin{array}{r} 65 \\ \times\ 40 \\ \hline \end{array}$$

(8)
$$\begin{array}{r} 76 \\ \times\ 75 \\ \hline \end{array}$$

(9)
$$\begin{array}{r} 81 \\ \times\ 32 \\ \hline \end{array}$$

(10)
$$\begin{array}{r} 63 \\ \times\ 65 \\ \hline \end{array}$$

(11)
$$\begin{array}{r} 82 \\ \times\ 26 \\ \hline \end{array}$$

(12)
$$\begin{array}{r} 92 \\ \times\ 53 \\ \hline \end{array}$$

● 곱셈을 하시오.

(1) $\begin{array}{r} 68 \\ \times\ 16 \\ \hline \end{array}$

(2) $\begin{array}{r} 69 \\ \times\ 30 \\ \hline \end{array}$

(3) $\begin{array}{r} 74 \\ \times\ 56 \\ \hline \end{array}$

(4) $\begin{array}{r} 75 \\ \times\ 73 \\ \hline \end{array}$

(5) $\begin{array}{r} 83 \\ \times\ 23 \\ \hline \end{array}$

(6) $\begin{array}{r} 94 \\ \times\ 27 \\ \hline \end{array}$

(7)
$$\begin{array}{r} 62 \\ \times\ 66 \\ \hline \end{array}$$

(8)
$$\begin{array}{r} 73 \\ \times\ 17 \\ \hline \end{array}$$

(9)
$$\begin{array}{r} 82 \\ \times\ 53 \\ \hline \end{array}$$

(10)
$$\begin{array}{r} 65 \\ \times\ 74 \\ \hline \end{array}$$

(11)
$$\begin{array}{r} 82 \\ \times\ 47 \\ \hline \end{array}$$

(12)
$$\begin{array}{r} 94 \\ \times\ 32 \\ \hline \end{array}$$

● 곱셈을 하시오.

(1) $\begin{array}{r} 67 \\ \times\ 14 \\ \hline \end{array}$

(4) $\begin{array}{r} 63 \\ \times\ 90 \\ \hline \end{array}$

(2) $\begin{array}{r} 72 \\ \times\ 33 \\ \hline \end{array}$

(5) $\begin{array}{r} 74 \\ \times\ 46 \\ \hline \end{array}$

(3) $\begin{array}{r} 82 \\ \times\ 56 \\ \hline \end{array}$

(6) $\begin{array}{r} 91 \\ \times\ 82 \\ \hline \end{array}$

(7) $\begin{array}{r} 62 \\ \times\ 54 \\ \hline \end{array}$

(8) $\begin{array}{r} 74 \\ \times\ 23 \\ \hline \end{array}$

(9) $\begin{array}{r} 87 \\ \times\ 51 \\ \hline \end{array}$

(10) $\begin{array}{r} 67 \\ \times\ 35 \\ \hline \end{array}$

(11) $\begin{array}{r} 87 \\ \times\ 46 \\ \hline \end{array}$

(12) $\begin{array}{r} 97 \\ \times\ 31 \\ \hline \end{array}$

● 곱셈을 하시오.

(1)
$$\begin{array}{r} 64 \\ \times\ 34 \\ \hline \end{array}$$

(4)
$$\begin{array}{r} 74 \\ \times\ 13 \\ \hline \end{array}$$

(2)
$$\begin{array}{r} 62 \\ \times\ 63 \\ \hline \end{array}$$

(5)
$$\begin{array}{r} 83 \\ \times\ 25 \\ \hline \end{array}$$

(3)
$$\begin{array}{r} 74 \\ \times\ 45 \\ \hline \end{array}$$

(6)
$$\begin{array}{r} 96 \\ \times\ 22 \\ \hline \end{array}$$

(7)
$$\begin{array}{r} 64 \\ \times\ 34 \\ \hline \end{array}$$

(8)
$$\begin{array}{r} 73 \\ \times\ 33 \\ \hline \end{array}$$

(9)
$$\begin{array}{r} 85 \\ \times\ 60 \\ \hline \end{array}$$

(10)
$$\begin{array}{r} 64 \\ \times\ 47 \\ \hline \end{array}$$

(11)
$$\begin{array}{r} 72 \\ \times\ 58 \\ \hline \end{array}$$

(12)
$$\begin{array}{r} 92 \\ \times\ 25 \\ \hline \end{array}$$

● 곱셈을 하시오.

(1)
$$\begin{array}{r} 12 \\ \times\ 25 \\ \hline \end{array}$$

(2)
$$\begin{array}{r} 26 \\ \times\ 18 \\ \hline \end{array}$$

(3)
$$\begin{array}{r} 42 \\ \times\ 37 \\ \hline \end{array}$$

(4)
$$\begin{array}{r} 36 \\ \times\ 43 \\ \hline \end{array}$$

(5)
$$\begin{array}{r} 55 \\ \times\ 65 \\ \hline \end{array}$$

(6)
$$\begin{array}{r} 64 \\ \times\ 55 \\ \hline \end{array}$$

(7)
$$\begin{array}{r} 17 \\ \times\ 17 \\ \hline \end{array}$$

(8)
$$\begin{array}{r} 26 \\ \times\ 23 \\ \hline \end{array}$$

(9)
$$\begin{array}{r} 45 \\ \times\ 36 \\ \hline \end{array}$$

(10)
$$\begin{array}{r} 66 \\ \times\ 54 \\ \hline \end{array}$$

(11)
$$\begin{array}{r} 72 \\ \times\ 46 \\ \hline \end{array}$$

(12)
$$\begin{array}{r} 84 \\ \times\ 62 \\ \hline \end{array}$$

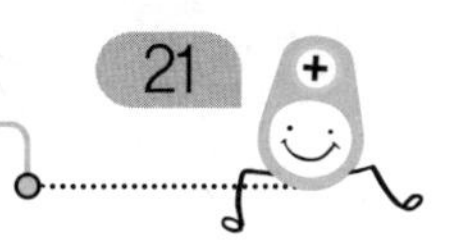

● 곱셈을 하시오.

(1) $\begin{array}{r} 28 \\ \times\ 36 \\ \hline \end{array}$

(2) $\begin{array}{r} 33 \\ \times\ 36 \\ \hline \end{array}$

(3) $\begin{array}{r} 52 \\ \times\ 43 \\ \hline \end{array}$

(4) $\begin{array}{r} 45 \\ \times\ 18 \\ \hline \end{array}$

(5) $\begin{array}{r} 65 \\ \times\ 57 \\ \hline \end{array}$

(6) $\begin{array}{r} 75 \\ \times\ 28 \\ \hline \end{array}$

(7)
$$\begin{array}{r} 43 \\ \times\ 26 \\ \hline \end{array}$$

(8)
$$\begin{array}{r} 52 \\ \times\ 35 \\ \hline \end{array}$$

(9)
$$\begin{array}{r} 68 \\ \times\ 53 \\ \hline \end{array}$$

(10)
$$\begin{array}{r} 75 \\ \times\ 49 \\ \hline \end{array}$$

(11)
$$\begin{array}{r} 85 \\ \times\ 67 \\ \hline \end{array}$$

(12)
$$\begin{array}{r} 94 \\ \times\ 75 \\ \hline \end{array}$$

● 곱셈을 하시오.

(1) $\begin{array}{r} 28 \\ \times\ 25 \\ \hline \end{array}$

(2) $\begin{array}{r} 33 \\ \times\ 51 \\ \hline \end{array}$

(3) $\begin{array}{r} 57 \\ \times\ 46 \\ \hline \end{array}$

(4) $\begin{array}{r} 49 \\ \times\ 32 \\ \hline \end{array}$

(5) $\begin{array}{r} 79 \\ \times\ 76 \\ \hline \end{array}$

(6) $\begin{array}{r} 87 \\ \times\ 23 \\ \hline \end{array}$

(7) $\begin{array}{r} 16 \\ \times 25 \\ \hline \end{array}$

(8) $\begin{array}{r} 34 \\ \times 75 \\ \hline \end{array}$

(9) $\begin{array}{r} 63 \\ \times 37 \\ \hline \end{array}$

(10) $\begin{array}{r} 42 \\ \times 43 \\ \hline \end{array}$

(11) $\begin{array}{r} 76 \\ \times 68 \\ \hline \end{array}$

(12) $\begin{array}{r} 94 \\ \times 62 \\ \hline \end{array}$

● 곱셈을 하시오.

(1) $\begin{array}{r} 16 \\ \times\ 16 \\ \hline \end{array}$

(2) $\begin{array}{r} 25 \\ \times\ 72 \\ \hline \end{array}$

(3) $\begin{array}{r} 49 \\ \times\ 43 \\ \hline \end{array}$

(4) $\begin{array}{r} 51 \\ \times\ 36 \\ \hline \end{array}$

(5) $\begin{array}{r} 83 \\ \times\ 62 \\ \hline \end{array}$

(6) $\begin{array}{r} 96 \\ \times\ 54 \\ \hline \end{array}$

(7)
$$\begin{array}{r} 84 \\ \times\ 25 \\ \hline \end{array}$$

(10)
$$\begin{array}{r} 47 \\ \times\ 54 \\ \hline \end{array}$$

(8)
$$\begin{array}{r} 25 \\ \times\ 54 \\ \hline \end{array}$$

(11)
$$\begin{array}{r} 78 \\ \times\ 37 \\ \hline \end{array}$$

(9)
$$\begin{array}{r} 59 \\ \times\ 41 \\ \hline \end{array}$$

(12)
$$\begin{array}{r} 95 \\ \times\ 60 \\ \hline \end{array}$$

● 곱셈을 하시오.

(1)
$$\begin{array}{r} 14 \\ \times\ 75 \\ \hline \end{array}$$

(2)
$$\begin{array}{r} 29 \\ \times\ 15 \\ \hline \end{array}$$

(3)
$$\begin{array}{r} 48 \\ \times\ 36 \\ \hline \end{array}$$

(4)
$$\begin{array}{r} 39 \\ \times\ 26 \\ \hline \end{array}$$

(5)
$$\begin{array}{r} 58 \\ \times\ 45 \\ \hline \end{array}$$

(6)
$$\begin{array}{r} 73 \\ \times\ 63 \\ \hline \end{array}$$

(7)
$$\begin{array}{r} 18 \\ \times\ 37 \\ \hline \end{array}$$

(8)
$$\begin{array}{r} 21 \\ \times\ 53 \\ \hline \end{array}$$

(9)
$$\begin{array}{r} 34 \\ \times\ 29 \\ \hline \end{array}$$

(10)
$$\begin{array}{r} 62 \\ \times\ 49 \\ \hline \end{array}$$

(11)
$$\begin{array}{r} 75 \\ \times\ 34 \\ \hline \end{array}$$

(12)
$$\begin{array}{r} 87 \\ \times\ 92 \\ \hline \end{array}$$

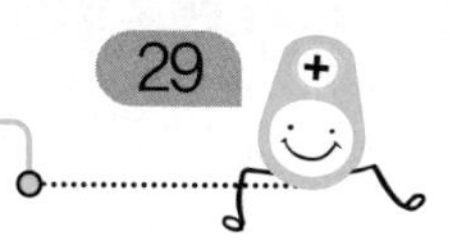

● 곱셈을 하시오.

(1)
$$\begin{array}{r} 19 \\ \times\ 26 \\ \hline \end{array}$$

(4)
$$\begin{array}{r} 58 \\ \times\ 28 \\ \hline \end{array}$$

(2)
$$\begin{array}{r} 26 \\ \times\ 44 \\ \hline \end{array}$$

(5)
$$\begin{array}{r} 69 \\ \times\ 50 \\ \hline \end{array}$$

(3)
$$\begin{array}{r} 47 \\ \times\ 35 \\ \hline \end{array}$$

(6)
$$\begin{array}{r} 72 \\ \times\ 63 \\ \hline \end{array}$$

(7) $\begin{array}{r} 17 \\ \times 28 \\ \hline \end{array}$

(8) $\begin{array}{r} 37 \\ \times 36 \\ \hline \end{array}$

(9) $\begin{array}{r} 62 \\ \times 59 \\ \hline \end{array}$

(10) $\begin{array}{r} 77 \\ \times 47 \\ \hline \end{array}$

(11) $\begin{array}{r} 83 \\ \times 34 \\ \hline \end{array}$

(12) $\begin{array}{r} 95 \\ \times 42 \\ \hline \end{array}$

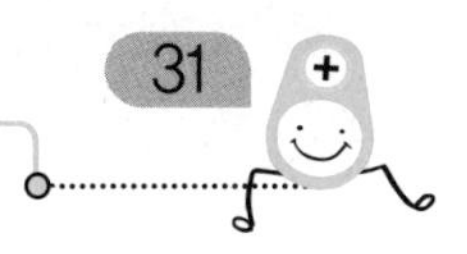

● 곱셈을 하시오.

(1)
$$\begin{array}{r} 57 \\ \times\ 15 \\ \hline \end{array}$$

(2)
$$\begin{array}{r} 38 \\ \times\ 54 \\ \hline \end{array}$$

(3)
$$\begin{array}{r} 46 \\ \times\ 64 \\ \hline \end{array}$$

(4)
$$\begin{array}{r} 64 \\ \times\ 95 \\ \hline \end{array}$$

(5)
$$\begin{array}{r} 73 \\ \times\ 32 \\ \hline \end{array}$$

(6)
$$\begin{array}{r} 82 \\ \times\ 46 \\ \hline \end{array}$$

(7) $\begin{array}{r} 25 \\ \times 28 \\ \hline \end{array}$

(8) $\begin{array}{r} 38 \\ \times 40 \\ \hline \end{array}$

(9) $\begin{array}{r} 53 \\ \times 32 \\ \hline \end{array}$

(10) $\begin{array}{r} 68 \\ \times 36 \\ \hline \end{array}$

(11) $\begin{array}{r} 75 \\ \times 68 \\ \hline \end{array}$

(12) $\begin{array}{r} 94 \\ \times 16 \\ \hline \end{array}$

● 곱셈을 하시오.

(1)
$$\begin{array}{r} 17 \\ \times\ 35 \\ \hline \end{array}$$

(4)
$$\begin{array}{r} 58 \\ \times\ 51 \\ \hline \end{array}$$

(2)
$$\begin{array}{r} 37 \\ \times\ 48 \\ \hline \end{array}$$

(5)
$$\begin{array}{r} 74 \\ \times\ 24 \\ \hline \end{array}$$

(3)
$$\begin{array}{r} 65 \\ \times\ 65 \\ \hline \end{array}$$

(6)
$$\begin{array}{r} 92 \\ \times\ 83 \\ \hline \end{array}$$

(7)
$$\begin{array}{r} 25 \\ \times\ 40 \\ \hline \end{array}$$

(8)
$$\begin{array}{r} 34 \\ \times\ 93 \\ \hline \end{array}$$

(9)
$$\begin{array}{r} 57 \\ \times\ 79 \\ \hline \end{array}$$

(10)
$$\begin{array}{r} 41 \\ \times\ 27 \\ \hline \end{array}$$

(11)
$$\begin{array}{r} 62 \\ \times\ 35 \\ \hline \end{array}$$

(12)
$$\begin{array}{r} 85 \\ \times\ 53 \\ \hline \end{array}$$

● 곱셈을 하시오.

(1)
$$\begin{array}{r} 39 \\ \times\ 15 \\ \hline \end{array}$$

(2)
$$\begin{array}{r} 46 \\ \times\ 54 \\ \hline \end{array}$$

(3)
$$\begin{array}{r} 67 \\ \times\ 45 \\ \hline \end{array}$$

(4)
$$\begin{array}{r} 58 \\ \times\ 61 \\ \hline \end{array}$$

(5)
$$\begin{array}{r} 72 \\ \times\ 23 \\ \hline \end{array}$$

(6)
$$\begin{array}{r} 86 \\ \times\ 35 \\ \hline \end{array}$$

(7) $\begin{array}{r} 27 \\ \times\ 27 \\ \hline \end{array}$

(8) $\begin{array}{r} 35 \\ \times\ 48 \\ \hline \end{array}$

(9) $\begin{array}{r} 43 \\ \times\ 54 \\ \hline \end{array}$

(10) $\begin{array}{r} 78 \\ \times\ 36 \\ \hline \end{array}$

(11) $\begin{array}{r} 64 \\ \times\ 74 \\ \hline \end{array}$

(12) $\begin{array}{r} 93 \\ \times\ 26 \\ \hline \end{array}$

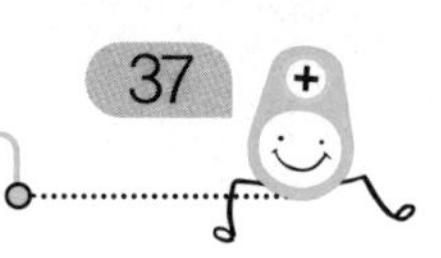

● 곱셈을 하시오.

(1) $\begin{array}{r} 36 \\ \times\ 18 \\ \hline \end{array}$

(4) $\begin{array}{r} 67 \\ \times\ 73 \\ \hline \end{array}$

(2) $\begin{array}{r} 46 \\ \times\ 65 \\ \hline \end{array}$

(5) $\begin{array}{r} 76 \\ \times\ 54 \\ \hline \end{array}$

(3) $\begin{array}{r} 52 \\ \times\ 44 \\ \hline \end{array}$

(6) $\begin{array}{r} 93 \\ \times\ 34 \\ \hline \end{array}$

(7)
$$\begin{array}{r} 44 \\ \times\ 46 \\ \hline \end{array}$$

(8)
$$\begin{array}{r} 56 \\ \times\ 39 \\ \hline \end{array}$$

(9)
$$\begin{array}{r} 74 \\ \times\ 55 \\ \hline \end{array}$$

(10)
$$\begin{array}{r} 24 \\ \times\ 53 \\ \hline \end{array}$$

(11)
$$\begin{array}{r} 63 \\ \times\ 32 \\ \hline \end{array}$$

(12)
$$\begin{array}{r} 84 \\ \times\ 75 \\ \hline \end{array}$$

● 곱셈을 하시오.

(1)
$$\begin{array}{r} 18 \\ \times\ 65 \\ \hline \end{array}$$

(2)
$$\begin{array}{r} 36 \\ \times\ 52 \\ \hline \end{array}$$

(3)
$$\begin{array}{r} 48 \\ \times\ 46 \\ \hline \end{array}$$

(4)
$$\begin{array}{r} 59 \\ \times\ 85 \\ \hline \end{array}$$

(5)
$$\begin{array}{r} 64 \\ \times\ 32 \\ \hline \end{array}$$

(6)
$$\begin{array}{r} 74 \\ \times\ 25 \\ \hline \end{array}$$

(7)
$$\begin{array}{r} 23 \\ \times\ 62 \\ \hline \end{array}$$

(8)
$$\begin{array}{r} 34 \\ \times\ 73 \\ \hline \end{array}$$

(9)
$$\begin{array}{r} 49 \\ \times\ 17 \\ \hline \end{array}$$

(10)
$$\begin{array}{r} 55 \\ \times\ 49 \\ \hline \end{array}$$

(11)
$$\begin{array}{r} 86 \\ \times\ 25 \\ \hline \end{array}$$

(12)
$$\begin{array}{r} 91 \\ \times\ 88 \\ \hline \end{array}$$

MF단계 1권

학교 연산 대비하자

연산 UP

연산 UP 1

● 곱셈을 하시오.

(1)
$$\begin{array}{r} 19 \\ \times \quad 6 \\ \hline \end{array}$$

(2)
$$\begin{array}{r} 36 \\ \times \quad 4 \\ \hline \end{array}$$

(3)
$$\begin{array}{r} 45 \\ \times \quad 8 \\ \hline \end{array}$$

(4)
$$\begin{array}{r} 28 \\ \times \quad 9 \\ \hline \end{array}$$

(5)
$$\begin{array}{r} 67 \\ \times \quad 3 \\ \hline \end{array}$$

(6)
$$\begin{array}{r} 84 \\ \times \quad 7 \\ \hline \end{array}$$

(7)
$$\begin{array}{r} 30 \\ \times\ 20 \\ \hline \end{array}$$

(8)
$$\begin{array}{r} 40 \\ \times\ 50 \\ \hline \end{array}$$

(9)
$$\begin{array}{r} 60 \\ \times\ 80 \\ \hline \end{array}$$

(10)
$$\begin{array}{r} 70 \\ \times\ 60 \\ \hline \end{array}$$

(11)
$$\begin{array}{r} 23 \\ \times\ 80 \\ \hline \end{array}$$

(12)
$$\begin{array}{r} 90 \\ \times\ 34 \\ \hline \end{array}$$

● 곱셈을 하시오.

(1)
$$\begin{array}{r} 12 \\ \times\ 13 \\ \hline \end{array}$$

(2)
$$\begin{array}{r} 21 \\ \times\ 14 \\ \hline \end{array}$$

(3)
$$\begin{array}{r} 24 \\ \times\ 32 \\ \hline \end{array}$$

(4)
$$\begin{array}{r} 35 \\ \times\ 43 \\ \hline \end{array}$$

(5)
$$\begin{array}{r} 17 \\ \times\ 42 \\ \hline \end{array}$$

(6)
$$\begin{array}{r} 50 \\ \times\ 14 \\ \hline \end{array}$$

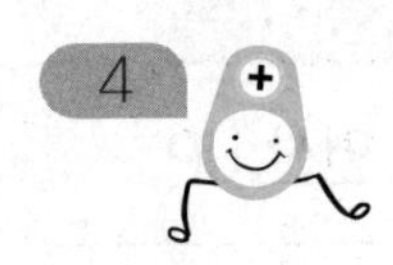

(7)
$$\begin{array}{r} 23 \\ \times\ 24 \\ \hline \end{array}$$

(8)
$$\begin{array}{r} 30 \\ \times\ 38 \\ \hline \end{array}$$

(9)
$$\begin{array}{r} 22 \\ \times\ 45 \\ \hline \end{array}$$

(10)
$$\begin{array}{r} 46 \\ \times\ 40 \\ \hline \end{array}$$

(11)
$$\begin{array}{r} 31 \\ \times\ 25 \\ \hline \end{array}$$

(12)
$$\begin{array}{r} 47 \\ \times\ 32 \\ \hline \end{array}$$

연산 UP

● 곱셈을 하시오.

(1)
$$\begin{array}{r} 16 \\ \times\ 52 \\ \hline \end{array}$$

(2)
$$\begin{array}{r} 53 \\ \times\ 24 \\ \hline \end{array}$$

(3)
$$\begin{array}{r} 32 \\ \times\ 75 \\ \hline \end{array}$$

(4)
$$\begin{array}{r} 50 \\ \times\ 34 \\ \hline \end{array}$$

(5)
$$\begin{array}{r} 25 \\ \times\ 62 \\ \hline \end{array}$$

(6)
$$\begin{array}{r} 86 \\ \times\ 31 \\ \hline \end{array}$$

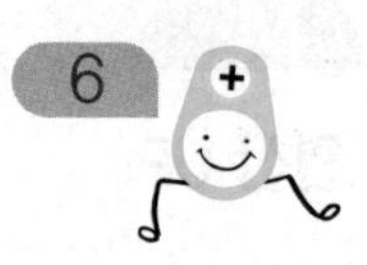

(7)
$$\begin{array}{r} 37 \\ \times\ 42 \\ \hline \end{array}$$

(10)
$$\begin{array}{r} 64 \\ \times\ 43 \\ \hline \end{array}$$

(8)
$$\begin{array}{r} 93 \\ \times\ 26 \\ \hline \end{array}$$

(11)
$$\begin{array}{r} 25 \\ \times\ 74 \\ \hline \end{array}$$

(9)
$$\begin{array}{r} 41 \\ \times\ 58 \\ \hline \end{array}$$

(12)
$$\begin{array}{r} 82 \\ \times\ 37 \\ \hline \end{array}$$

MF

연산 UP

7

● 빈 곳에 알맞은 수를 써넣으시오.

(1)

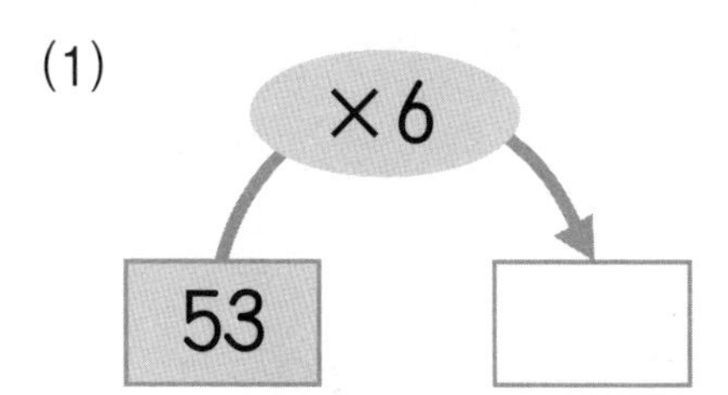

(5)

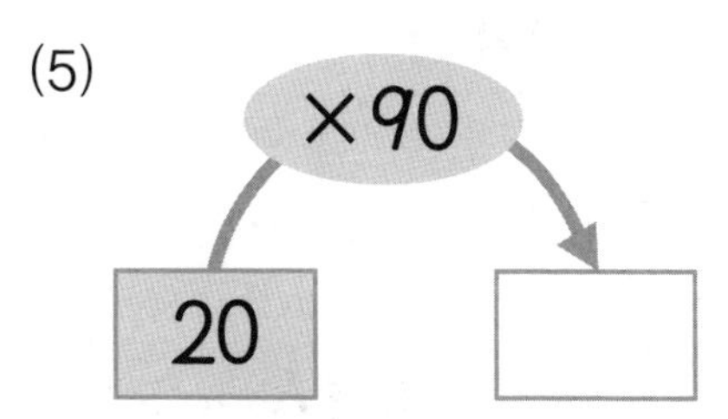

(2)

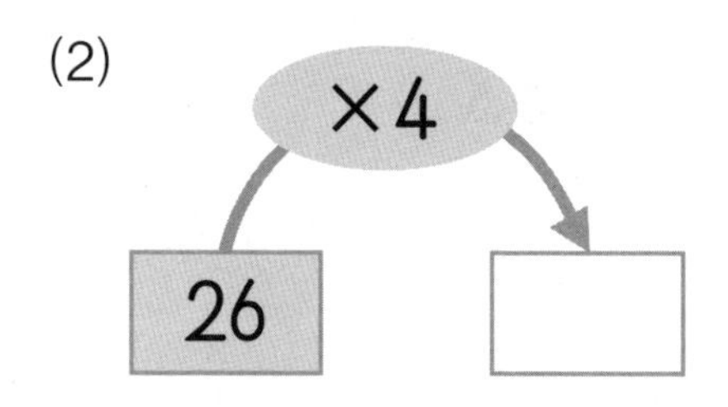

(6)

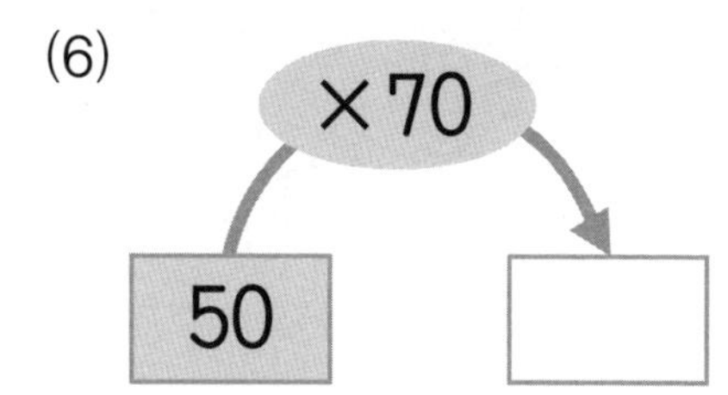

(3)

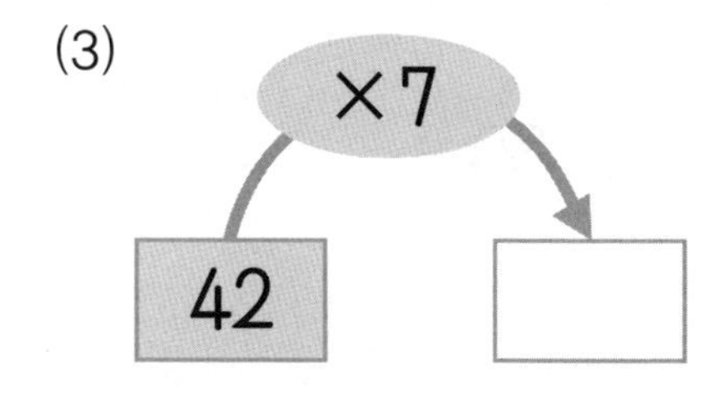

(7)

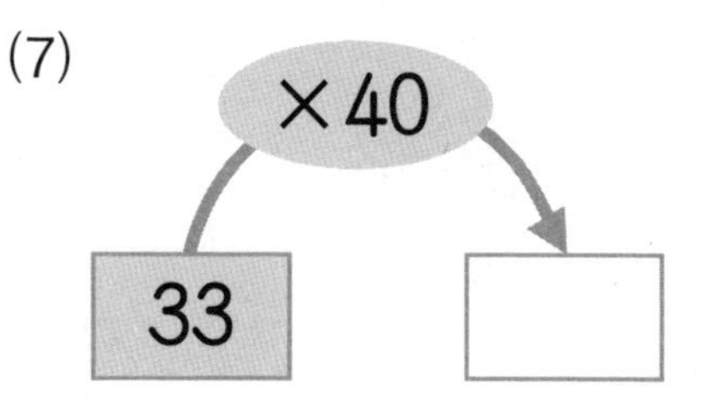

(4)

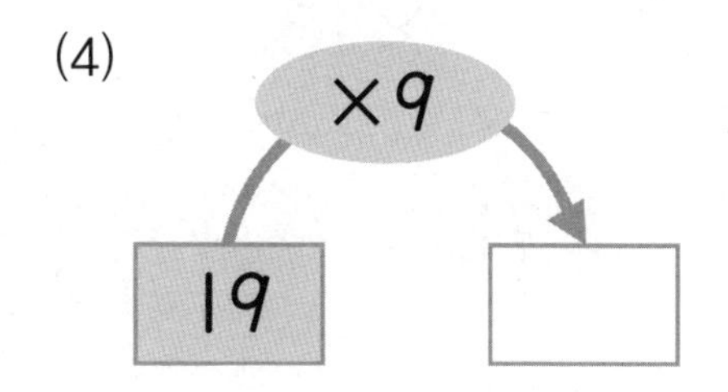

(8)

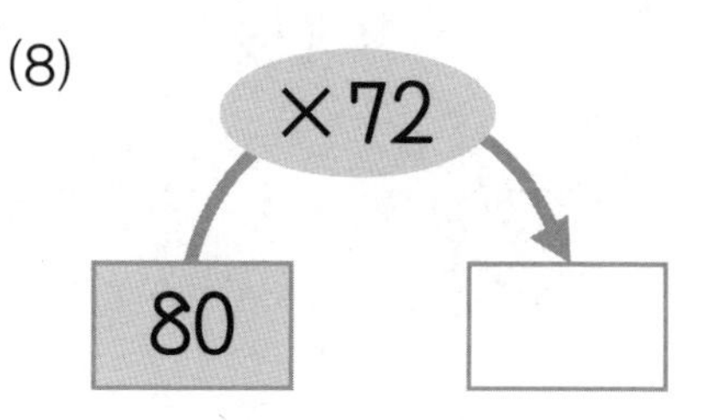

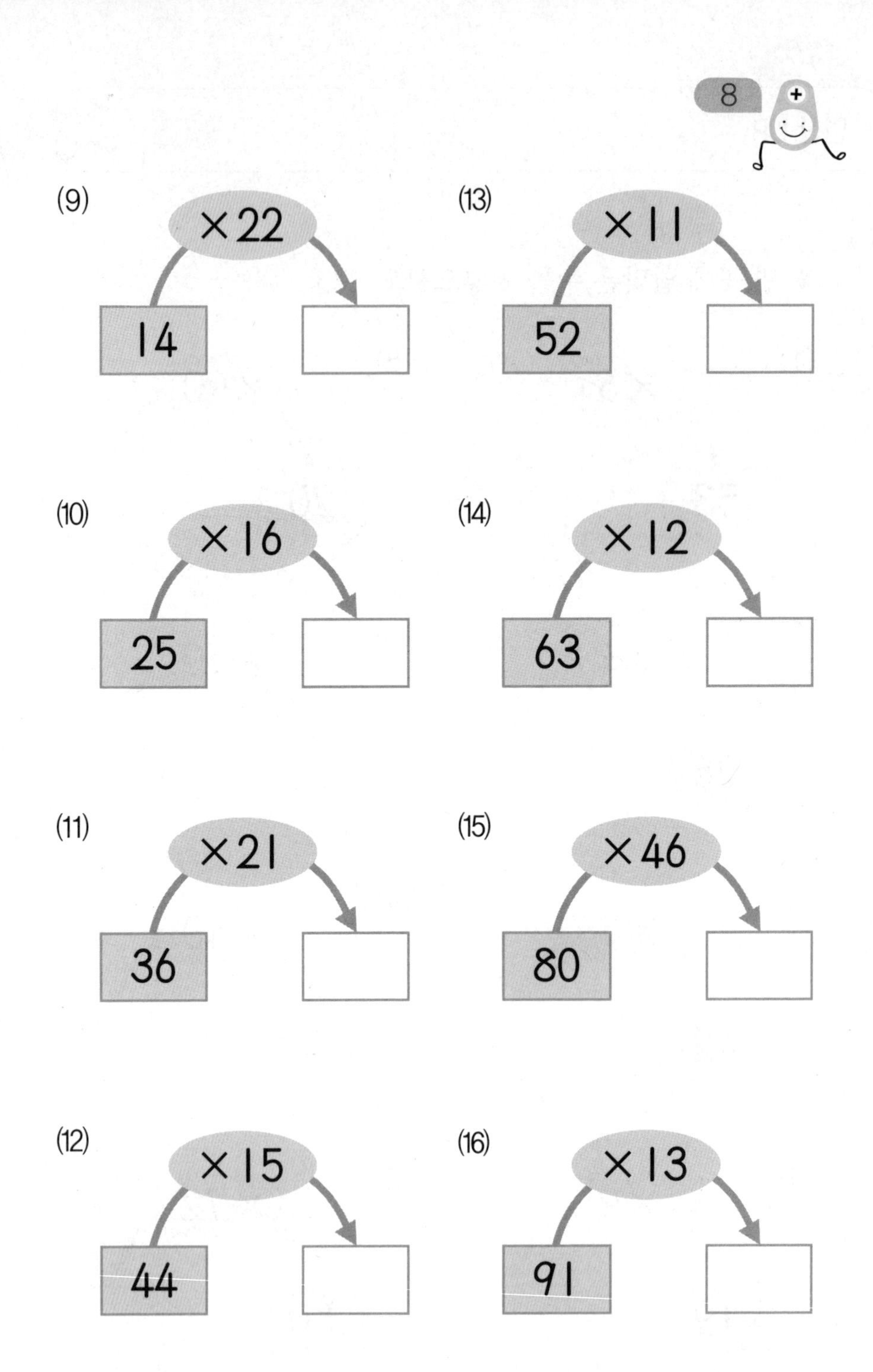
(9)
×22
14
(13)
×11
52
(10)
×16
25
(14)
×12
63
(11)
×21
36
(15)
×46
80
(12)
×15
44
(16)
×13
91

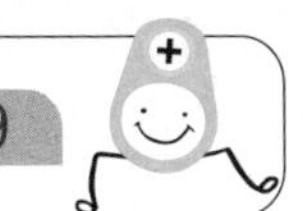

● 빈 곳에 알맞은 수를 써넣으시오.

(1)

× →, × ↓

38	3	
4	57	

(2)

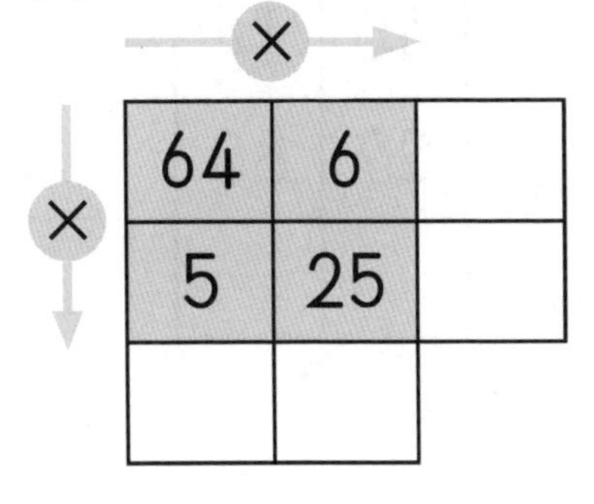

(3)

× →, × ↓

54	7	
2	28	

(4)

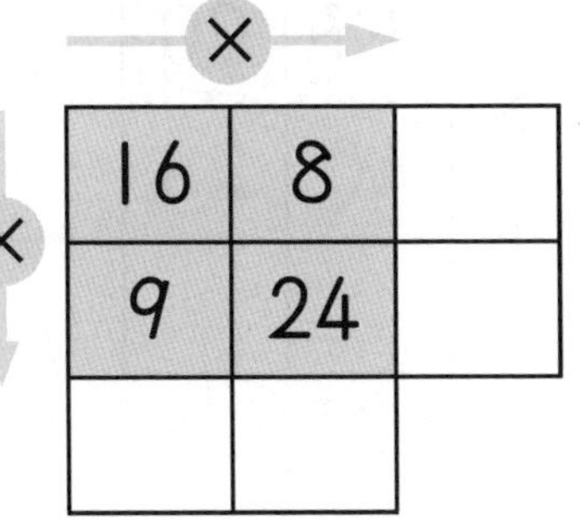

(5)

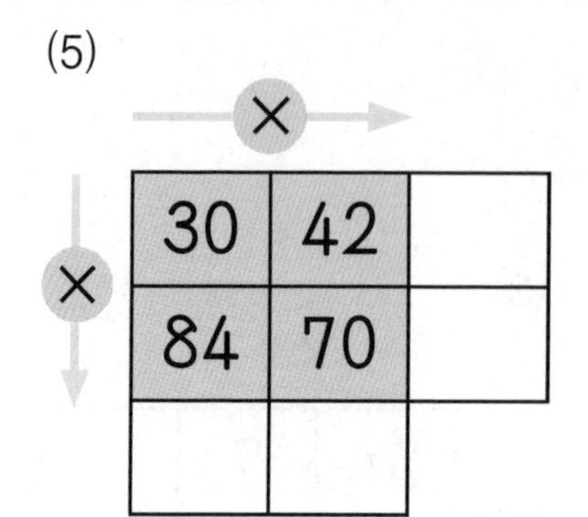

(6)

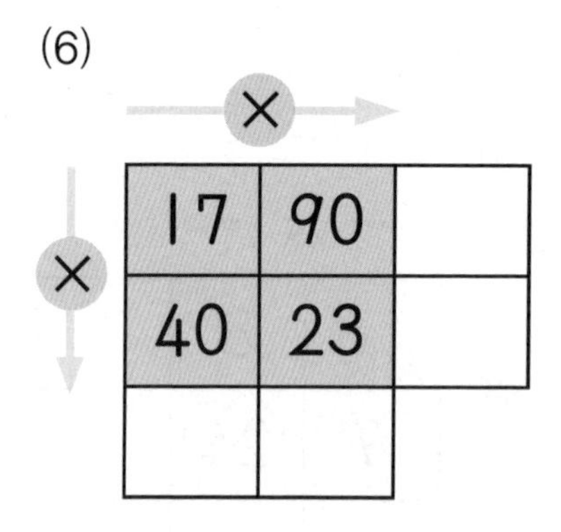

(7)

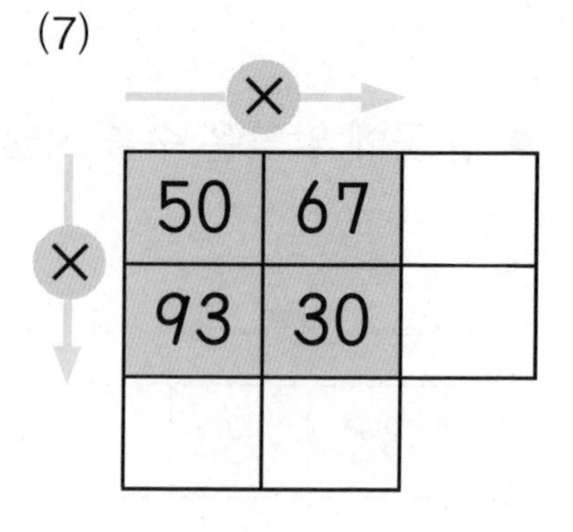

(8)

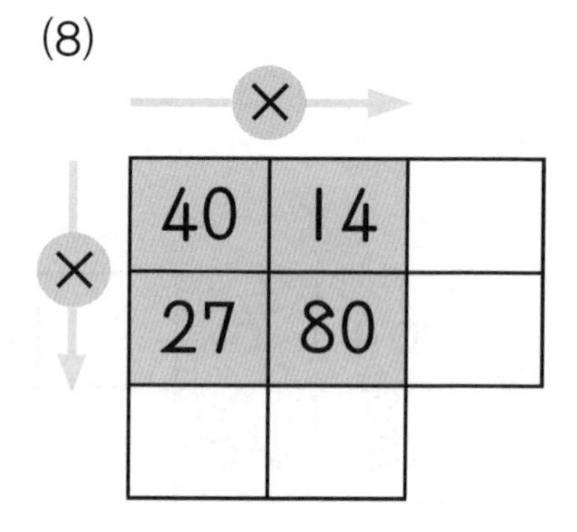

● 빈 곳에 알맞은 수를 써넣으시오.

(1)

12	23	
42	31	

(3)

43	51	
22	63	

(2)

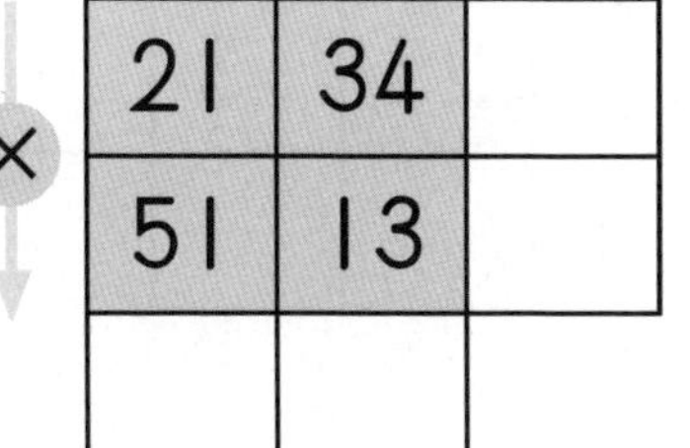

21	34	
51	13	

(4)

24	35	
26	31	

(5)

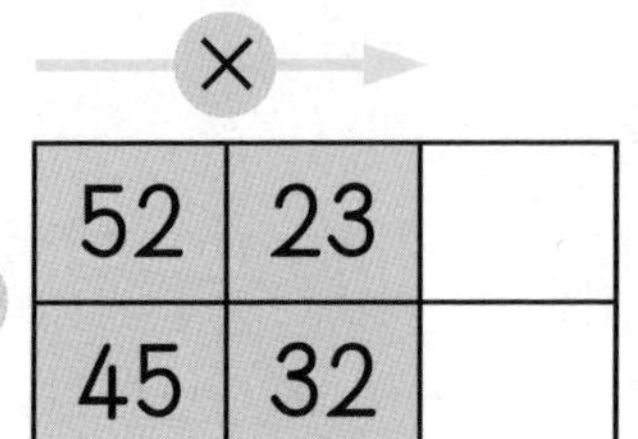

52	23	
45	32	

(7)

71	16	
28	41	

(6)

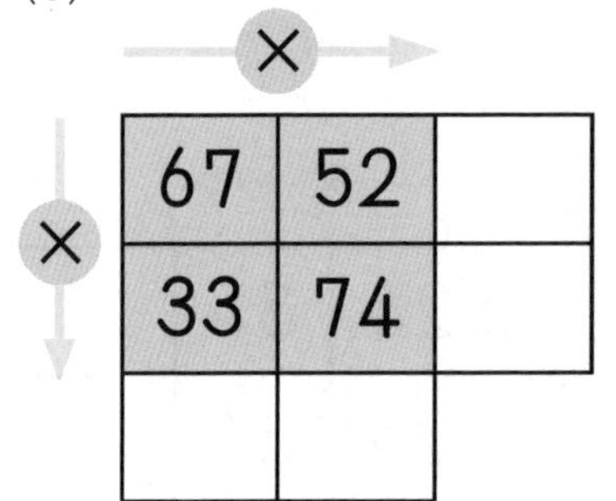

67	52	
33	74	

(8)

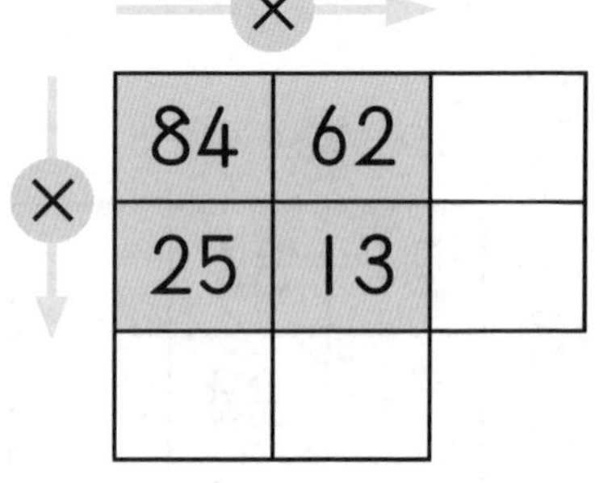

84	62	
25	13	

● 다음을 읽고 물음에 답하시오.

(1) 1년은 12개월입니다. 7년은 모두 몇 개월입니까?

( )

(2) 수영이는 친구 13명에게 초콜릿을 나누어 주려고 합니다. 한 명에게 6개씩 나누어 준다면 초콜릿은 모두 몇 개 필요합니까?

( )

(3) 동물 병원에 강아지 26마리가 있습니다. 강아지의 다리는 모두 몇 개입니까?

( )

(4) 하루에 장난감을 80개씩 만드는 기계가 있습니다. 40일 동안에는 장난감을 모두 몇 개 만들 수 있습니다까?

( )

(5) 주환이는 계산 문제를 1분에 12문제씩 풉니다. 20분 동안 푼 계산 문제는 모두 몇 문제입니까?

( )

(6) 달걀이 한 판에 30개씩 64판이 있습니다. 달걀은 모두 몇 개입니까?

( )

● 다음을 읽고 물음에 답하시오.

(1) 소민이는 알뜰 시장에서 연필 26자루를 샀습니다. 연필 한 자루의 가격은 50원이라고 합니다. 소민이는 모두 얼마를 내야 합니까?

( )

(2) 필통을 만드는 공장에서 필통을 한 상자에 70개씩 넣어서 포장하였습니다. 65상자에 들어 있는 필통은 모두 몇 개입니까?

( )

(3) 리본 한 개를 만드는 데 색 테이프가 24 cm 필요합니다. 리본 30개를 만드는 데 필요한 색 테이프는 모두 몇 cm 입니까?

( )

(4) 민수는 동화책을 하루에 15쪽씩 읽었습니다. 민수가 16일 동안 읽은 동화책은 모두 몇 쪽입니까?

( )

(5) 종민이는 매일 윗몸 일으키기를 18번씩 합니다. 25일 동안에는 윗몸 일으키기를 모두 몇 번 하겠습니까?

( )

(6) 수지네 반 학생 32명은 사탕이 16개씩 달려 있는 사탕 목걸이를 한 개씩 만들었습니다. 수지네 반 학생들이 만든 사탕 목걸이의 사탕은 모두 몇 개입니까?

( )

정 답

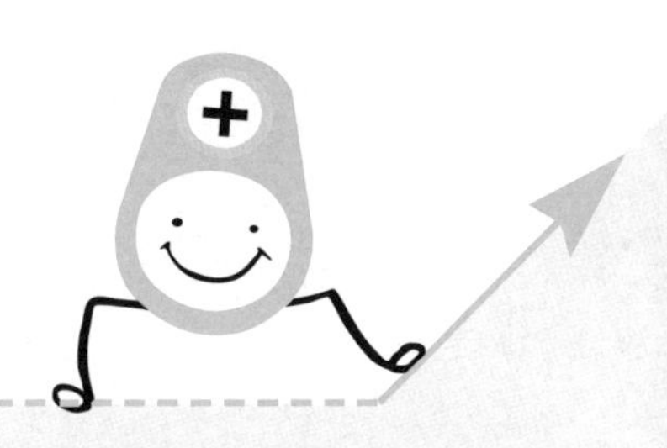

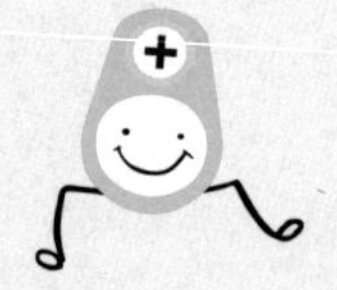

MF01

1	2	3	4	5	6	7	8
(1) 28	(9) 81	(1) 66	(9) 48	(1) 26	(9) 99	(1) 184	(9) 56
(2) 64	(10) 56	(2) 78	(10) 152	(2) 98	(10) 65	(2) 112	(10) 279
(3) 105	(11) 54	(3) 217	(11) 186	(3) 115	(11) 175	(3) 256	(11) 140
(4) 48	(12) 120	(4) 175	(12) 84	(4) 57	(12) 78	(4) 54	(12) 238
(5) 69	(13) 124	(5) 45	(13) 342	(5) 136	(13) 72	(5) 90	(13) 72
(6) 68	(14) 32	(6) 162	(14) 161	(6) 168	(14) 112	(6) 126	(14) 136
(7) 52	(15) 74	(7) 200	(15) 208	(7) 333	(15) 288	(7) 111	(15) 245
(8) 102	(16) 108	(8) 144	(16) 288	(8) 210	(16) 261	(8) 162	(16) 144
	(17) 105		(17) 90		(17) 96		(17) 108
	(18) 222		(18) 195		(18) 114		(18) 130

MF01

9	10	11	12	13	14	15	16
(1) 36	(9) 52	(1) 62	(9) 105	(1) 93	(9) 90	(1) 72	(9) 168
(2) 76	(10) 39	(2) 156	(10) 265	(2) 245	(10) 324	(2) 272	(10) 348
(3) 75	(11) 176	(3) 185	(11) 114	(3) 68	(11) 387	(3) 102	(11) 336
(4) 168	(12) 114	(4) 138	(12) 220	(4) 168	(12) 280	(4) 224	(12) 296
(5) 88	(13) 182	(5) 205	(13) 174	(5) 180	(13) 275	(5) 135	(13) 448
(6) 171	(14) 42	(6) 180	(14) 84	(6) 110	(14) 282	(6) 399	(14) 96
(7) 150	(15) 160	(7) 172	(15) 148	(7) 210	(15) 266	(7) 216	(15) 276
(8) 224	(16) 184	(8) 371	(16) 117	(8) 144	(16) 308	(8) 423	(16) 315
	(17) 102		(17) 216		(17) 468		(17) 196
	(18) 232		(18) 96		(18) 287		(18) 531

MF01

17	18	19	20	21	22	23	24
(1) 66	(9) 96	(1) 104	(9) 108	(1) 295	(9) 128	(1) 208	(9) 462
(2) 140	(10) 225	(2) 220	(10) 156	(2) 370	(10) 234	(2) 464	(10) 639
(3) 285	(11) 270	(3) 154	(11) 136	(3) 189	(11) 558	(3) 483	(11) 290
(4) 294	(12) 94	(4) 252	(12) 304	(4) 255	(12) 416	(4) 236	(12) 476
(5) 159	(13) 162	(5) 222	(13) 112	(5) 195	(13) 504	(5) 426	(13) 666
(6) 215	(14) 144	(6) 310	(14) 300	(6) 276	(14) 192	(6) 402	(14) 312
(7) 184	(15) 177	(7) 153	(15) 330	(7) 232	(15) 318	(7) 504	(15) 201
(8) 294	(16) 170	(8) 320	(16) 165	(8) 150	(16) 438	(8) 648	(16) 456
	(17) 152		(17) 268		(17) 455		(17) 486
	(18) 132		(18) 365		(18) 693		(18) 600

MF01

25	26	27	28	29	30	31	32
(1) 106	(9) 138	(1) 146	(9) 312	(1) 284	(9) 288	(1) 168	(9) 276
(2) 360	(10) 522	(2) 194	(10) 282	(2) 425	(10) 435	(2) 592	(10) 595
(3) 212	(11) 237	(3) 420	(11) 460	(3) 190	(11) 819	(3) 688	(11) 644
(4) 325	(12) 408	(4) 395	(12) 344	(4) 356	(12) 624	(4) 546	(12) 225
(5) 183	(13) 148	(5) 328	(13) 196	(5) 192	(13) 738	(5) 675	(13) 756
(6) 228	(14) 364	(6) 292	(14) 166	(6) 228	(14) 581	(6) 570	(14) 444
(7) 372	(15) 219	(7) 261	(15) 385	(7) 296	(15) 158	(7) 405	(15) 380
(8) 152	(16) 354	(8) 837	(16) 656	(8) 465	(16) 528	(8) 658	(16) 712
	(17) 375		(17) 316		(17) 736		(17) 784
	(18) 260		(18) 665		(18) 679		(18) 864

MF01

33	34	35	36	37	38	39	40
(1) 144	(9) 616	(1) 80	(9) 168	(1) 207	(9) 92	(1) 120	(9) 110
(2) 231	(10) 532	(2) 188	(10) 432	(2) 256	(10) 216	(2) 462	(10) 297
(3) 340	(11) 546	(3) 304	(11) 324	(3) 280	(11) 204	(3) 176	(11) 297
(4) 470	(12) 702	(4) 518	(12) 340	(4) 216	(12) 584	(4) 462	(12) 264
(5) 410	(13) 873	(5) 342	(13) 602	(5) 155	(13) 267	(5) 385	(13) 264
(6) 198	(14) 632	(6) 156	(14) 112	(6) 144	(14) 51	(6) 154	(14) 440
(7) 355	(15) 664	(7) 441	(15) 336	(7) 147	(15) 260	(7) 165	(15) 440
(8) 258	(16) 588	(8) 174	(16) 390	(8) 170	(16) 549	(8) 792	(16) 308
	(17) 475		(17) 744		(17) 188		(17) 308
	(18) 594		(18) 686		(18) 270		(18) 704

MF02

1	2
(1) 44	(9) 248
(2) 138	(10) 116
(3) 48	(11) 116
(4) 134	(12) 240
(5) 156	(13) 306
(6) 322	(14) 651
(7) 348	(15) 255
(8) 495	(16) 390
	(17) 584
	(18) 413

3

(1)

		1	2	
×		1	1	
		1	2	… 12×1
	1	2	0	… 12×10
	1	3	2	

(2)

		1	0	
×		2	4	
		4	0	… 10×4
	2	0	0	… 10×20
	2	4	0	

(3)

		2	2	
×		1	3	
		6	6	… 22×3
	2	2	0	… 22×10
	2	8	6	

(4)

		3	0	
×		2	7	
	2	1	0	… 30×7
	6	0	0	… 30×20
	8	1	0	

MF02

4

(5)
		2	0
×		2	6
	1	2	0
	4	0	0
	5	2	0

(6)
		3	3
×		1	2
		6	6
	3	3	
	3	9	6

(7)
		4	4
×		1	1
		4	4
	4	4	
	4	8	4

(8)
		1	2
×		1	2
		2	4
	1	2	
	1	4	4

(9)
		4	0
×		2	7
	2	8	0
	8	0	
1	0	8	0

(10)
		1	3
×		1	2
		2	6
	1	3	
	1	5	6

5

(1)
		1	4
×		1	2
		2	8
	1	4	
	1	6	8

(2)
		3	0
×		3	4
	1	2	0
	9	0	
1	0	2	0

(3)
		4	3
×		1	2
		8	6
	4	3	
	5	1	6

(4)
		2	0
×		3	2
		4	0
	6	0	
	6	4	0

(5)
		2	2
×		1	4
		8	8
	2	2	
	3	0	8

(6)
		3	1
×		2	3
		9	3
	6	2	
	7	1	3

MF02

6

(7)
		2	1
×		2	2
		4	2
	4	2	
	4	6	2

(8)
		4	0
×		1	7
	2	8	0
	4	0	
	6	8	0

(9)
		4	1
×		2	3
	1	2	3
	8	2	
	9	4	3

(10)
		2	2
×		2	1
		2	2
	4	4	
	4	6	2

(11)
		3	3
×		2	3
		9	9
	6	6	
	7	5	9

(12)
		5	0
×		1	4
	2	0	0
	5	0	
	7	0	0

7

(1)
		4	2
×		1	2
		8	4
	4	2	
	5	0	4

(2)
		5	3
×		1	2
	1	0	6
	5	3	
	6	3	6

(3)
		1	4
×		2	2
		2	8
	2	8	
	3	0	8

(4)
		2	0
×		2	3
		6	0
	4	0	
	4	6	0

(5)
		1	2
×		2	3
		3	6
	2	4	
	2	7	6

(6)
		3	0
×		3	9
	2	7	0
	9	0	
1	1	7	0

MF02

8

(7)
$$\begin{array}{r} 23 \\ \times\ 23 \\ \hline 69 \\ 46 \\ \hline 529 \end{array}$$

(8)
$$\begin{array}{r} 12 \\ \times\ 24 \\ \hline 48 \\ 24 \\ \hline 288 \end{array}$$

(9)
$$\begin{array}{r} 51 \\ \times\ 15 \\ \hline 255 \\ 51 \\ \hline 765 \end{array}$$

(10)
$$\begin{array}{r} 20 \\ \times\ 44 \\ \hline 80 \\ 80 \\ \hline 880 \end{array}$$

(11)
$$\begin{array}{r} 40 \\ \times\ 29 \\ \hline 360 \\ 80 \\ \hline 1160 \end{array}$$

(12)
$$\begin{array}{r} 32 \\ \times\ 21 \\ \hline 32 \\ 64 \\ \hline 672 \end{array}$$

9

(1)
$$\begin{array}{r} 41 \\ \times\ 21 \\ \hline 41 \\ 82 \\ \hline 861 \end{array}$$

(2)
$$\begin{array}{r} 34 \\ \times\ 21 \\ \hline 34 \\ 68 \\ \hline 714 \end{array}$$

(3)
$$\begin{array}{r} 20 \\ \times\ 48 \\ \hline 160 \\ 80 \\ \hline 960 \end{array}$$

(4)
$$\begin{array}{r} 30 \\ \times\ 22 \\ \hline 60 \\ 60 \\ \hline 660 \end{array}$$

(5)
$$\begin{array}{r} 22 \\ \times\ 34 \\ \hline 88 \\ 66 \\ \hline 748 \end{array}$$

(6)
$$\begin{array}{r} 11 \\ \times\ 13 \\ \hline 33 \\ 11 \\ \hline 143 \end{array}$$

MF02

10

(7)
$$\begin{array}{r} 40 \\ \times\ 25 \\ \hline 200 \\ 80 \\ \hline 1000 \end{array}$$

(8)
$$\begin{array}{r} 23 \\ \times\ 22 \\ \hline 46 \\ 46 \\ \hline 506 \end{array}$$

(9)
$$\begin{array}{r} 50 \\ \times\ 18 \\ \hline 400 \\ 50 \\ \hline 900 \end{array}$$

(10)
$$\begin{array}{r} 13 \\ \times\ 33 \\ \hline 39 \\ 39 \\ \hline 429 \end{array}$$

(11)
$$\begin{array}{r} 31 \\ \times\ 36 \\ \hline 186 \\ 93 \\ \hline 1116 \end{array}$$

(12)
$$\begin{array}{r} 31 \\ \times\ 27 \\ \hline 217 \\ 62 \\ \hline 837 \end{array}$$

11

(1)
$$\begin{array}{r} 24 \\ \times\ 11 \\ \hline 24 \\ 24 \\ \hline 264 \end{array}$$

(2)
$$\begin{array}{r} 31 \\ \times\ 25 \\ \hline 155 \\ 62 \\ \hline 775 \end{array}$$

(3)
$$\begin{array}{r} 42 \\ \times\ 13 \\ \hline 126 \\ 42 \\ \hline 546 \end{array}$$

(4)
$$\begin{array}{r} 40 \\ \times\ 12 \\ \hline 80 \\ 40 \\ \hline 480 \end{array}$$

(5)
$$\begin{array}{r} 32 \\ \times\ 14 \\ \hline 128 \\ 32 \\ \hline 448 \end{array}$$

(6)
$$\begin{array}{r} 50 \\ \times\ 15 \\ \hline 250 \\ 50 \\ \hline 750 \end{array}$$

MF02

12

(7)
```
   42
×  24
  168
  84
 1008
```

(8)
```
   41
×  28
  328
  82
 1148
```

(9)
```
   34
×  22
   68
  68
  748
```

(10)
```
   20
×  37
  140
  60
  740
```

(11)
```
   24
×  22
   48
  48
  528
```

(12)
```
   50
×  17
  350
  50
  850
```

13

(1)
```
   21
×  28
  168
  42
  588
```

(2)
```
   23
×  21
   23
  46
  483
```

(3)
```
   40
×  19
  360
  40
  760
```

(4)
```
   13
×  13
   39
  13
  169
```

(5)
```
   32
×  13
   96
  32
  416
```

(6)
```
   50
×  13
  150
  50
  650
```

MF02

14

(7)
```
   24
×  12
   48
  24
  288
```

(8)
```
   30
×  17
  210
  30
  510
```

(9)
```
   54
×  12
  108
  54
  648
```

(10)
```
   43
×  23
  129
  86
  989
```

(11)
```
   41
×  18
  328
  41
  738
```

(12)
```
   20
×  35
  100
  60
  700
```

15

(1)
```
   21
×  49
  189
  84
 1029
```

(2)
```
   40
×  14
  160
  40
  560
```

(3)
```
   22
×  32
   44
  66
  704
```

(4)
```
   50
×  19
  450
  50
  950
```

(5)
```
   33
×  33
   99
  99
 1089
```

(6)
```
   32
×  32
   64
  96
 1024
```

MF02

16

(7)

		3	0
	×	2	6
	1	8	0
	6	0	
	7	8	0

(8)

		1	4
	×	2	1
		1	4
	2	8	
	2	9	4

(9)

		2	0
	×	3	8
	1	6	0
	6	0	
	7	6	0

(10)

		4	1
	×	2	4
	1	6	4
	8	2	
	9	8	4

(11)

		5	1
	×	1	9
	4	5	9
	5	1	
	9	6	9

(12)

		4	4
	×	2	1
		4	4
	8	8	
	9	2	4

17

(1)

		1	2
×		4	1
		1	2
	4	8	
	4	9	2

(2)

		3	1
×		3	7
	2	1	7
	9	3	
1	1	4	7

(3)

		4	0
×		2	1
		4	0
	8	0	
	8	4	0

(4)

		2	0
×		1	8
	1	6	0
	2	0	
	3	6	0

(5)

		2	2
×		4	3
		6	6
	8	8	
	9	4	6

(6)

		4	3
×		2	2
		8	6
	8	6	
	9	4	6

MF02

18

(7)

		3	2
×		3	4
	1	2	8
	9	6	
1	0	8	8

(8)

		2	0
×		2	9
	1	8	0
	4	0	
	5	8	0

(9)

		1	3
×		3	2
		2	6
	3	9	
	4	1	6

(10)

		4	0
×		1	5
	2	0	0
	4	0	
	6	0	0

(11)

		2	2
×		2	4
		8	8
	4	4	
	5	2	8

(12)

		3	0
×		2	4
	1	2	0
	6	0	
	7	2	0

19

(1)

		2	8	
×		1	3	
		8	4	…28×3
	2	8	0	…28×10
	3	6	4	

(2)

		1	6	
×		1	2	
		3	2	…16×2
	1	6	0	…16×10
	1	9	2	

(3)

		1	5	
×		3	2	
		3	0	…15×2
	4	5	0	…15×30
	4	8	0	

(4)

		5	2	
×		2	3	
	1	5	6	…52×3
1	0	4	0	…52×20
1	1	9	6	

MF02

20

(5)

		2	6
×		2	3
		7	8
	5	2	
	5	9	8

(6)

		4	2
×		1	6
	2	5	2
	4	2	
	6	7	2

(7)

		3	2
×		1	5
	1	6	0
	3	2	
	4	8	0

(8)

		1	8
×		3	3
		5	4
	5	4	
	5	9	4

(9)

		5	3
×		1	4
	2	1	2
	5	3	
	7	4	2

(10)

		2	5
×		1	3
		7	5
	2	5	
	3	2	5

21

(1)

		2	6
×		1	2
		5	2
	2	6	
	3	1	2

(2)

		1	5
×		1	4
		6	0
	1	5	
	2	1	0

(3)

		3	1
×		5	4
	1	2	4
1	5	5	
1	6	7	4

(4)

		3	3
×		1	5
	1	6	5
	3	3	
	4	9	5

(5)

		4	3
×		5	3
	1	2	9
2	1	5	
2	2	7	9

(6)

		5	3
×		2	4
	2	1	2
1	0	6	
1	2	7	2

MF02

22

(7)

		1	7
×		2	1
		1	7
	3	4	
	3	5	7

(8)

		4	7
×		2	5
	2	3	5
	9	4	
1	1	7	5

(9)

		2	5
×		2	2
		5	0
	5	0	
	5	5	0

(10)

		5	2
×		2	7
	3	6	4
1	0	4	
1	4	0	4

(11)

		3	3
×		3	4
	1	3	2
	9	9	
1	1	2	2

(12)

		5	4
×		1	3
	1	6	2
	5	4	
	7	0	2

23

(1)

		1	6
×		2	1
		1	6
	3	2	
	3	3	6

(2)

		2	6
×		2	5
	1	3	0
	5	2	
	6	5	0

(3)

		4	2
×		3	1
		4	2
1	2	6	
1	3	0	2

(4)

		3	5
×		1	2
		7	0
	3	5	
	4	2	0

(5)

		4	1
×		2	6
	2	4	6
	8	2	
1	0	6	6

(6)

		5	5
×		5	5
	2	7	5
2	7	5	
3	0	2	5

MF02

24

(7)

		1	9
×		1	4
		7	6
	1	9	
	2	6	6

(8)

		4	9
×		1	3
	1	4	7
	4	9	
	6	3	7

(9)

		4	6
×		2	2
		9	2
	9	2	
1	0	1	2

(10)

		3	6
×		2	3
	1	0	8
	7	2	
	8	2	8

(11)

		2	7
×		1	3
		8	1
	2	7	
	3	5	1

(12)

		5	4
×		2	3
	1	6	2
1	0	8	
1	2	4	2

25

(1)

		3	5
×		1	6
	2	1	0
	3	5	
	5	6	0

(2)

		1	8
×		2	3
		5	4
	3	6	
	4	1	4

(3)

		5	1
×		2	2
	1	0	2
1	0	2	
1	1	2	2

(4)

		2	5
×		3	2
		5	0
	7	5	
	8	0	0

(5)

		4	3
×		3	4
	1	7	2
1	2	9	
1	4	6	2

(6)

		2	8
×		2	2
		5	6
	5	6	
	6	1	6

MF02

26

(7)

		2	4
×		2	5
	1	2	0
	4	8	
	6	0	0

(8)

		3	8
×		1	2
		7	6
	3	8	
	4	5	6

(9)

		3	6
×		2	4
	1	4	4
	7	2	
	8	6	4

(10)

		1	8
×		1	6
	1	0	8
	1	8	
	2	8	8

(11)

		4	3
×		1	7
	3	0	1
	4	3	
	7	3	1

(12)

		5	7
×		1	6
	3	4	2
	5	7	
	9	1	2

27

(1)

		3	4
×		3	3
	1	0	2
1	0	2	
1	1	2	2

(2)

		2	3
×		3	5
	1	1	5
	6	9	
	8	0	5

(3)

		4	5
×		2	3
	1	3	5
	9	0	
1	0	3	5

(4)

		5	2
×		3	2
	1	0	4
1	5	6	
1	6	6	4

(5)

		1	2
×		2	5
		6	0
	2	4	
	3	0	0

(6)

		5	9
×		4	1
		5	9
2	3	6	
2	4	1	9

MF02

28

(7)
$$\begin{array}{r} 37 \\ \times\ 41 \\ \hline 37 \\ 148 \\ \hline 1517 \end{array}$$

(8)
$$\begin{array}{r} 28 \\ \times\ 31 \\ \hline 28 \\ 84 \\ \hline 868 \end{array}$$

(9)
$$\begin{array}{r} 17 \\ \times\ 31 \\ \hline 17 \\ 51 \\ \hline 527 \end{array}$$

(10)
$$\begin{array}{r} 44 \\ \times\ 41 \\ \hline 44 \\ 176 \\ \hline 1804 \end{array}$$

(11)
$$\begin{array}{r} 48 \\ \times\ 22 \\ \hline 96 \\ 96 \\ \hline 1056 \end{array}$$

(12)
$$\begin{array}{r} 53 \\ \times\ 42 \\ \hline 106 \\ 212 \\ \hline 2226 \end{array}$$

29

(1)
$$\begin{array}{r} 16 \\ \times\ 32 \\ \hline 32 \\ 48 \\ \hline 512 \end{array}$$

(2)
$$\begin{array}{r} 42 \\ \times\ 43 \\ \hline 126 \\ 168 \\ \hline 1806 \end{array}$$

(3)
$$\begin{array}{r} 35 \\ \times\ 33 \\ \hline 105 \\ 105 \\ \hline 1155 \end{array}$$

(4)
$$\begin{array}{r} 52 \\ \times\ 25 \\ \hline 260 \\ 104 \\ \hline 1300 \end{array}$$

(5)
$$\begin{array}{r} 27 \\ \times\ 32 \\ \hline 54 \\ 81 \\ \hline 864 \end{array}$$

(6)
$$\begin{array}{r} 51 \\ \times\ 43 \\ \hline 153 \\ 204 \\ \hline 2193 \end{array}$$

MF02

30

(7)
$$\begin{array}{r} 46 \\ \times\ 31 \\ \hline 46 \\ 138 \\ \hline 1426 \end{array}$$

(8)
$$\begin{array}{r} 25 \\ \times\ 32 \\ \hline 50 \\ 75 \\ \hline 800 \end{array}$$

(9)
$$\begin{array}{r} 36 \\ \times\ 32 \\ \hline 70 \\ 108 \\ \hline 1152 \end{array}$$

(10)
$$\begin{array}{r} 13 \\ \times\ 24 \\ \hline 52 \\ 26 \\ \hline 312 \end{array}$$

(11)
$$\begin{array}{r} 58 \\ \times\ 45 \\ \hline 290 \\ 232 \\ \hline 2610 \end{array}$$

(12)
$$\begin{array}{r} 44 \\ \times\ 34 \\ \hline 176 \\ 132 \\ \hline 1496 \end{array}$$

31

(1)
$$\begin{array}{r} 35 \\ \times\ 41 \\ \hline 35 \\ 140 \\ \hline 1435 \end{array}$$

(2)
$$\begin{array}{r} 51 \\ \times\ 33 \\ \hline 153 \\ 153 \\ \hline 1683 \end{array}$$

(3)
$$\begin{array}{r} 44 \\ \times\ 24 \\ \hline 176 \\ 88 \\ \hline 1056 \end{array}$$

(4)
$$\begin{array}{r} 25 \\ \times\ 41 \\ \hline 25 \\ 100 \\ \hline 1025 \end{array}$$

(5)
$$\begin{array}{r} 17 \\ \times\ 15 \\ \hline 85 \\ 17 \\ \hline 255 \end{array}$$

(6)
$$\begin{array}{r} 53 \\ \times\ 34 \\ \hline 212 \\ 159 \\ \hline 1802 \end{array}$$

MF02

32

(7)

		1	5
×		2	3
		4	5
	3	0	
	3	4	5

(8)

		2	9
×		2	4
	1	1	6
	5	8	
	6	9	6

(9)

		5	6
×		2	2
	1	1	2
1	1	2	
1	2	3	2

(10)

		5	1
×		4	1
		5	1
2	0	4	
2	0	9	1

(11)

		4	1
×		4	1
		4	1
1	6	4	
1	6	8	1

(12)

		4	5
×		4	5
	2	2	5
1	8	0	
2	0	2	5

33

(1)

		1	4
×		2	4
		5	6
	2	8	
	3	3	6

(2)

		5	5
×		2	2
	1	1	0
1	1	0	
1	2	1	0

(3)

		4	2
×		4	1
		4	2
1	6	8	
1	7	2	2

(4)

		2	4
×		1	4
		9	6
	2	4	
	3	3	6

(5)

		3	7
×		3	1
		3	7
1	1	1	
1	1	4	7

(6)

		5	2
×		3	4
	2	0	8
1	5	6	
1	7	6	8

MF02

34

(7)

		5	2
×		4	3
	1	5	6
2	0	8	
2	2	3	6

(8)

		2	5
×		1	7
	1	7	5
	2	5	
	4	2	5

(9)

		5	4
×		1	5
	2	7	0
	5	4	
	8	1	0

(10)

		1	9
×		2	4
		7	6
	3	8	
	4	5	6

(11)

		3	4
×		3	2
		6	8
1	0	2	
1	0	8	8

(12)

		4	5
×		3	2
		9	0
1	3	5	
1	4	4	0

35

(1)

		1	2
×		3	3
		3	6
	3	6	
	3	9	6

(2)

		4	2
×		2	2
		8	4
	8	4	
	9	2	4

(3)

		5	1
×		3	2
	1	0	2
1	5	3	
1	6	3	2

(4)

		3	5
×		2	5
	1	7	5
	7	0	
	8	7	5

(5)

		2	7
×		3	4
	1	0	8
	8	1	
	9	1	8

(6)

		4	0
×		4	5
	2	0	0
1	6	0	
1	8	0	0

MF02

36

(7)

		2	9
×		3	2
		5	8
	8	7	
	9	2	8

(8)

		5	4
×		4	2
	1	0	8
2	1	6	
2	2	6	8

(9)

		4	5
×		3	5
	2	2	5
1	3	5	
1	5	7	5

(10)

		1	6
×		2	4
		6	4
	3	2	
	3	8	4

(11)

		3	4
×		2	6
	2	0	4
	6	8	
	8	8	4

(12)

		3	0
×		2	8
	2	4	0
	6	0	
	8	4	0

37

(1)

		3	1
×		3	2
		6	2
	9	3	
	9	9	2

(2)

		2	1
×		5	4
		8	4
1	0	5	
1	1	3	4

(3)

		5	0
×		3	6
	3	0	0
1	5	0	
1	8	0	0

(4)

		1	6
×		4	7
	1	1	2
	6	4	
	7	5	2

(5)

		5	3
×		5	3
	1	5	9
2	6	5	
2	8	0	9

(6)

		4	6
×		4	2
		9	2
1	8	4	
1	9	3	2

MF02

38

(7)

		2	0
×		4	5
	1	0	0
	8	0	
	9	0	0

(8)

		1	8
×		1	8
	1	4	4
	1	8	
	3	2	4

(9)

		3	7
×		2	6
	2	2	2
	7	4	
	9	6	2

(10)

		3	2
×		2	4
	1	2	8
	6	4	
	7	6	8

(11)

		5	4
×		3	3
	1	6	2
1	6	2	
1	7	8	2

(12)

		4	3
×		4	2
		8	6
1	7	2	
1	8	0	6

39

(1)

		1	9
×		1	7
	1	3	3
	1	9	
	3	2	3

(2)

		4	5
×		1	5
	2	2	5
	4	5	
	6	7	5

(3)

		4	0
×		4	4
	1	6	0
1	6	0	
1	7	6	0

(4)

		3	8
×		3	1
		3	8
1	1	4	
1	1	7	8

(5)

		4	9
×		3	1
		4	9
1	4	7	
1	5	1	9

(6)

		5	4
×		5	4
	2	1	6
2	7	0	
2	9	1	6

MF02

40

(7)

		4	4
×		5	5
	2	2	0
2	2	0	
2	4	2	0

(8)

		5	5
×		3	1
		5	5
1	6	5	
1	7	0	5

(9)

		3	3
×		4	5
	1	6	5
1	3	2	
1	4	8	5

(10)

		1	3
×		5	3
		3	9
	6	5	
	6	8	9

(11)

		2	6
×		3	1
		2	6
	7	8	
	8	0	6

(12)

		5	0
×		4	8
	4	0	0
2	0	0	
2	4	0	0

MF03

1

(1)

		2	2
×		1	2
		4	4
	2	2	
	2	6	4

(2)

		1	3
×		2	1
		1	3
	2	6	
	2	7	3

(3)

		3	5
×		1	3
	1	0	5
	3	5	
	4	5	5

(4)

		5	1
×		1	8
	4	0	8
	5	1	
	9	1	8

(5)

		2	0
×		1	6
	1	2	0
	2	0	
	3	2	0

(6)

		4	1
×		1	6
	2	4	6
	4	1	
	6	5	6

2

(7)

		3	1
×		2	4
	1	2	4
	6	2	
	7	4	4

(8)

		5	2
×		1	2
	1	0	4
	5	2	
	6	2	4

(9)

		2	3
×		1	6
	1	3	8
	2	3	
	3	6	8

(10)

		1	6
×		1	4
		6	4
	1	6	
	2	2	4

(11)

		3	0
×		1	7
	2	1	0
	3	0	
	5	1	0

(12)

		4	6
×		2	4
	1	8	4
	9	2	
1	1	0	4

MF03

3	4	5	6	7	8	9	10
(1) 264	(7) 483	(1) 506	(7) 900	(1) 504	(7) 288	(1) 252	(7) 682
(2) 672	(8) 882	(2) 286	(8) 299	(2) 121	(8) 408	(2) 156	(8) 861
(3) 440	(9) 600	(3) 720	(9) 968	(3) 1008	(9) 800	(3) 1088	(9) 990
(4) 273	(10) 360	(4) 168	(10) 341	(4) 230	(10) 416	(4) 483	(10) 253
(5) 300	(11) 372	(5) 736	(11) 588	(5) 484	(11) 1148	(5) 546	(11) 506
(6) 559	(12) 1023	(6) 473	(12) 726	(6) 1029	(12) 961	(6) 250	(12) 924

MF03

11	12	13	14	15	16	17	18
(1) 144	(7) 860	(1) 966	(7) 651	(1) 525	(7) 880	(1) 693	(7) 748
(2) 1240	(8) 352	(2) 441	(8) 1800	(2) 680	(8) 363	(2) 1400	(8) 408
(3) 1023	(9) 1290	(3) 403	(9) 946	(3) 264	(9) 2050	(3) 492	(9) 1850
(4) 169	(10) 682	(4) 627	(10) 1056	(4) 1749	(10) 1197	(4) 448	(10) 902
(5) 640	(11) 1000	(5) 750	(11) 615	(5) 1300	(11) 1170	(5) 736	(11) 918
(6) 850	(12) 624	(6) 1200	(12) 2100	(6) 1440	(12) 1590	(6) 690	(12) 440

MF03

19	20	21	22	23	24	25	26
(1) 704	(7) 960	(1) 341	(7) 2250	(1) 1040	(7) 693	(1) 990	(7) 440
(2) 528	(8) 1100	(2) 650	(8) 516	(2) 2580	(8) 2100	(2) 1680	(8) 840
(3) 780	(9) 429	(3) 1320	(9) 2257	(3) 1160	(9) 1140	(3) 516	(9) 2040
(4) 903	(10) 989	(4) 714	(10) 1173	(4) 1312	(10) 1320	(4) 1836	(10) 759
(5) 3060	(11) 1500	(5) 1178	(11) 900	(5) 2397	(11) 648	(5) 372	(11) 2184
(6) 600	(12) 1768	(6) 1326	(12) 1680	(6) 2460	(12) 2684	(6) 3180	(12) 2016

MF03

27	28	29	30	31	32	33	34
(1) 182	(7) 968	(1) 322	(7) 525	(1) 196	(7) 465	(1) 300	(7) 510
(2) 325	(8) 1085	(2) 735	(8) 630	(2) 225	(8) 204	(2) 594	(8) 378
(3) 552	(9) 325	(3) 238	(9) 609	(3) 256	(9) 756	(3) 544	(9) 351
(4) 525	(10) 544	(4) 338	(10) 434	(4) 289	(10) 625	(4) 240	(10) 306
(5) 1054	(11) 330	(5) 832	(11) 576	(5) 324	(11) 1054	(5) 448	(11) 735
(6) 330	(12) 462	(6) 816	(12) 444	(6) 361	(12) 792	(6) 874	(12) 748

MF03

35	36	37	38	39	40
(1) 504	(7) 1612	(1) 1219	(7) 720	(1) 1386	(7) 3025
(2) 1728	(8) 1600	(2) 1364	(8) 980	(2) 2420	(8) 1512
(3) 990	(9) 1984	(3) 2176	(9) 1870	(3) 930	(9) 1242
(4) 2024	(10) 1908	(4) 1664	(10) 2795	(4) 1496	(10) 1924
(5) 1645	(11) 1485	(5) 1692	(11) 1806	(5) 1584	(11) 1701
(6) 1550	(12) 2860	(6) 1995	(12) 3392	(6) 1369	(12) 2436

MF04

1	2	3	4	5	6	7	8
(1) 169	(7) 1470	(1) 984	(7) 1012	(1) 1364	(7) 2009	(1) 1462	(7) 3431
(2) 288	(8) 3294	(2) 1344	(8) 702	(2) 1170	(8) 1768	(2) 728	(8) 3348
(3) 850	(9) 2394	(3) 1728	(9) 1449	(3) 4002	(9) 2001	(3) 2688	(9) 2914
(4) 1088	(10) 946	(4) 3213	(10) 4030	(4) 3445	(10) 2809	(4) 2835	(10) 3355
(5) 1968	(11) 1856	(5) 2385	(11) 3692	(5) 896	(11) 4680	(5) 1752	(11) 3584
(6) 1350	(12) 2244	(6) 3816	(12) 2736	(6) 3096	(12) 2700	(6) 4200	(12) 2482

MF04

9	10	11	12	13	14	15	16
(1) 1081	(7) 1008	(1) 2142	(7) 2600	(1) 1088	(7) 4092	(1) 938	(7) 3348
(2) 1904	(8) 2352	(2) 3431	(8) 5700	(2) 2070	(8) 1241	(2) 2376	(8) 1702
(3) 2915	(9) 3965	(3) 1215	(9) 2592	(3) 4144	(9) 4346	(3) 4592	(9) 4437
(4) 3328	(10) 3402	(4) 5248	(10) 4095	(4) 5475	(10) 4810	(4) 5670	(10) 2345
(5) 4473	(11) 2400	(5) 4745	(11) 2132	(5) 1909	(11) 3854	(5) 3404	(11) 4002
(6) 3066	(12) 3922	(6) 2024	(12) 4876	(6) 2538	(12) 3008	(6) 7462	(12) 3007

MF04

17	18	19	20	21	22	23	24
(1) 2176	(7) 2176	(1) 300	(7) 289	(1) 1008	(7) 1118	(1) 700	(7) 400
(2) 3906	(8) 2409	(2) 468	(8) 598	(2) 1188	(8) 1820	(2) 1683	(8) 2550
(3) 3330	(9) 5100	(3) 1554	(9) 1620	(3) 2236	(9) 3604	(3) 2622	(9) 2331
(4) 962	(10) 3008	(4) 1548	(10) 3564	(4) 810	(10) 3675	(4) 1568	(10) 1806
(5) 2075	(11) 4176	(5) 3575	(11) 3312	(5) 3705	(11) 5695	(5) 6004	(11) 5168
(6) 2112	(12) 2300	(6) 3520	(12) 5208	(6) 2100	(12) 7050	(6) 2001	(12) 5828

MF04

25	26	27	28	29	30	31	32
(1) 256	(7) 2100	(1) 1050	(7) 666	(1) 494	(7) 476	(1) 855	(7) 700
(2) 1800	(8) 1350	(2) 435	(8) 1113	(2) 1144	(8) 1332	(2) 2052	(8) 1520
(3) 2107	(9) 2419	(3) 1728	(9) 986	(3) 1645	(9) 3658	(3) 2944	(9) 1696
(4) 1836	(10) 2538	(4) 1014	(10) 3038	(4) 1624	(10) 3619	(4) 6080	(10) 2448
(5) 5146	(11) 2886	(5) 2610	(11) 2550	(5) 3450	(11) 2822	(5) 2336	(11) 5100
(6) 5184	(12) 5700	(6) 4599	(12) 8004	(6) 4536	(12) 3990	(6) 3772	(12) 1504

MF04

33	34	35	36	37	38	39	40
(1) 595	(7) 1000	(1) 585	(7) 729	(1) 648	(7) 2024	(1) 1170	(7) 1426
(2) 1776	(8) 3162	(2) 2484	(8) 1680	(2) 2990	(8) 2184	(2) 1872	(8) 2482
(3) 4225	(9) 4503	(3) 3015	(9) 2322	(3) 2288	(9) 4070	(3) 2208	(9) 833
(4) 2958	(10) 1107	(4) 3538	(10) 2808	(4) 4891	(10) 1272	(4) 5015	(10) 2695
(5) 1776	(11) 2170	(5) 1656	(11) 4736	(5) 4104	(11) 2016	(5) 2048	(11) 2150
(6) 7636	(12) 4505	(6) 3010	(12) 2418	(6) 3162	(12) 6300	(6) 1850	(12) 8008

연산 UP

1	2	3	4
(1) 114	(7) 600	(1) 156	(7) 552
(2) 144	(8) 2000	(2) 294	(8) 1140
(3) 360	(9) 4800	(3) 768	(9) 990
(4) 252	(10) 4200	(4) 1505	(10) 1840
(5) 201	(11) 1840	(5) 714	(11) 775
(6) 588	(12) 3060	(6) 700	(12) 1504

연산 UP

5	6	7	8
(1) 832	(7) 1554	(1) 318	(9) 308
(2) 1272	(8) 2418	(2) 104	(10) 400
(3) 2400	(9) 2378	(3) 294	(11) 756
(4) 1700	(10) 2752	(4) 171	(12) 660
(5) 1550	(11) 1850	(5) 1800	(13) 572
(6) 2666	(12) 3034	(6) 3500	(14) 756
		(7) 1320	(15) 3680
		(8) 5760	(16) 1183

연산 UP

9

(1)

38	3	114
4	57	228
152	171	

(2)

64	6	384
5	25	125
320	150	

(3)

54	7	378
2	28	56
108	196	

(4)

16	8	128
9	24	216
144	192	

10

(5)

30	42	1260
84	70	5880
2520	2940	

(6)

17	90	1530
40	23	920
680	2070	

(7)

50	67	3350
93	30	2790
4650	2010	

(8)

40	14	560
27	80	2160
1080	1120	

11

(1)

12	23	276
42	31	1302
504	713	

(2)

21	34	714
51	13	663
1071	442	

(3)

43	51	2193
22	63	1386
946	3213	

(4)

24	35	840
26	31	806
624	1085	

12

(5)

52	23	1196
45	32	1440
2340	736	

(6)

67	52	3484
33	74	2442
2211	3848	

(7)

71	16	1136
28	41	1148
1988	656	

(8)

84	62	5208
25	13	325
2100	806	

연산 UP

13

(1) 84개월
(2) 78개
(3) 104개

14

(4) 3200개
(5) 240문제
(6) 1920개

15

(1) 1300원
(2) 4550개
(3) 720cm

16

(4) 240쪽
(5) 450번
(6) 512개